U0162062

· EX SITU FLORA OF CHINA ·

中国迁地栽培植物志

主编　黄宏文

BEGONIACEAE

秋海棠科

本卷主编　李爱荣　李景秀　崔卫华

中国林业出版社
China Forestry Publishing House

内容简介

本书收录了我国植物园迁地栽培的国内外秋海棠属植物173种（含国内野生种142种，其中88种为中国特有种；国外野生种31种），归纳总结了迁地保育过程中秋海棠的植株形态、物候特征和栽培技术要点等方面长达23年（1996—2018年）的数据记录。物种拉丁名参照《中国植物志》第五十二卷第一分册和*Flora of China*第十三卷；种名排列依拉丁名字母顺序。每种植物介绍包括中文名、拉丁名、自然分布、鉴别特征、迁地栽培形态特征、受威胁状况评价、引种信息、栽培植株物候、迁地栽培要点及主要用途，并附彩色照片展示物种形态特征。

本书可供植物学、园艺学、保护生物学、医药卫生等相关学科的科研和教学使用。

图书在版编目（CIP）数据

中国迁地栽培植物志.秋海棠科/黄宏文主编；李爱荣，李景秀，崔卫华本卷主编. -- 北京：中国林业出版社，2020.6

ISBN 978-7-5219-0544-1

Ⅰ.①中… Ⅱ.①黄… ②李… ③李… ④崔… Ⅲ.①秋海棠科－引种栽培－植物志－中国 Ⅳ.①Q948.52

中国版本图书馆CIP数据核字(2020)第065418号

ZHŌNGGUÓ QIĀNDÌ ZĀIPÉI ZHÍWÙZHÌ · QIŪHÁITÁNGKĒ

中国迁地栽培植物志 · 秋海棠科

出版发行： 中国林业出版社
（100009 北京市西城区刘海胡同7号）
电　话： 010-83143517
印　刷： 北京雅昌艺术印刷有限公司
版　次： 2020年7月第1版
印　次： 2020年7月第1次印刷
开　本： 889mm × 1194mm　1/16
印　张： 25
字　数： 756千字
定　价： 348.00元

《中国迁地栽培植物志·秋海棠科》编者

主　　编： 李爱荣（中国科学院昆明植物研究所）

李景秀（中国科学院昆明植物研究所）

崔卫华（中国科学院昆明植物研究所）

编　　委： 田代科（上海辰山植物园）

刘　演（广西壮族自治区中国科学院广西植物研究所）

张寿洲（深圳市中国科学院仙湖植物园）

付乃峰（上海辰山植物园）

唐文秀（广西壮族自治区中国科学院广西植物研究所）

董莉娜（广西壮族自治区中国科学院广西植物研究所）

郎校安（深圳市中国科学院仙湖植物园）

殷雪清（中国科学院昆明植物研究所）

薛瑞娟（中国科学院昆明植物研究所）

盘　波（广西壮族自治区中国科学院广西植物研究所）

主　　审： 管开云（中国科学院昆明植物研究所）

摄　　影： 李景秀　崔卫华　马　宏　付乃峰　李爱荣　李宏哲　唐文秀

郎校安　胡枭剑　董莉娜　田代科　彭镜毅　李涟漪

《中国迁地栽培植物志·秋海棠科》参编单位（数据来源）

中国科学院昆明植物研究所(KIB)

广西壮族自治区中国科学院广西植物研究所(GXIB)

上海辰山植物园(CSBG)

深圳市中国科学院仙湖植物园(SZBG)

序 FOREWORD

中国是世界上植物多样性最丰富的国家之一，有高等植物约33000种，约占世界总数的10%，仅次于巴西，位居全球第二。中国是北半球唯一横跨热带、亚热带、温带到寒带森林植被的国家。中国的植物区系是整个北半球早中新世植物区系的孑遗成分，且在第四纪冰川期中，因我国地形复杂、气候相对稳定的避难所效应，又是植物生存、物种演化的重要中心，同时，我国植物多样性还遗存了古地中海和古南大陆植物区系，因而形成了我国极为丰富的特有植物，有约250个特有属、15000～18000特有种。中国还有粮食植物、药用植物及园艺植物等摇篮之称，几千年的农耕文明孕育了众多的栽培植物的种质资源，是全球资源植物的宝库，对人类经济社会的可持续发展具有极其重要意义。

植物园作为植物引种、驯化栽培、资源发掘、推广应用的重要源头，传承了现代植物园几个世纪科学研究的脉络和成就，在近代的植物引种驯化、传播栽培及作物产业国际化进程中发挥了重要作用，特别是经济植物的引种驯化和传播栽培对近代农业产业发展、农产品经济和贸易、国家或区域的经济社会发展的推动则更为明显，如橡胶、茶叶、烟草及众多的果树、蔬菜、药用植物、园艺植物等。特别是哥伦布到达美洲新大陆以来的500多年，美洲植物引种驯化及其广泛传播、栽培深刻改变了世界农业生产的格局，对促进人类社会文明进步产生了深远影响。植物园的植物引种驯化还对促进农业发展、食物供给、人口增长、经济社会进步发挥了不可替代的重要作用，是人类农业文明发展的重要组成部分。我国现有约200个植物园引种栽培了高等维管植物约396科、3633属、23340种(含种下等级)，其中我国本土植物为288科、2911属、约20000种，分别约占我国本土高等植物科的91%、属的86%、物种数的60%，是我国植物学研究及农林、环保、生物等产业的源头资源。因此，充分梳理我国植物园迁地栽培植物的基础信息数据，既是科学研究的重要基础，也是我国相关产业发展的重大需求。

然而，我国植物园长期以来缺乏数据整理和编目研究。植物园虽然在植物引种驯化、评价发掘和开发利用上有悠久的历史，但适应现代植物迁地保护及资源发掘利用的整体规划不够、针对性差且理论和方法研究滞后。同时，传统的基于标本资料编纂的植物志也缺乏对物种基础生物学特征的验证和"同园"比较研究。我国历时45年，于2004年完成的植物学巨著《中国植物志》受到国内外植物学者的高度赞誉，但由于历史原因造成的模式标本及原始文献考证不够，众多种类的鉴定有待完善；*Flora of China*虽弥补了模式标本和原始文献的考证的不足，但仍然缺乏对基础生物学特征的深入研究。

《中国迁地栽培植物志》将创建一个"活"植物志，成为支撑我国植物迁地保护和可持续利用的基础信息数据平台。项目将呈现我国植物园引种栽培的20000多种高等植物的实地形态特征、物候信息、用途评价、栽培要领等综合信息和翔实的图片。从学科上支撑分类学修订、园林园艺、植物生物学和气候变化等研究；从应用上支撑我国生物产业所需资源发掘及利用。植物园长期引种栽培的植物与我国农林、医药、环保等产业的源头资源密切相关。由于人类大量活动的影响，植物赖以生存的自然生态系统遭到严重破坏，致使植物灭绝威胁增加；与此同时，绝大部分植物资源尚未被人类认识和充分利用；而且，在当今全球气候变化、经济高速发展和人口快速增长的背景下，植物园作为植物资源保存和发掘利用的“诺亚方舟”将在解决当今世界面临的食物保障、医药健康、工业原材料、环境变化等重大问题中发挥越来越大的作用。

《中国迁地栽培植物志》编研将全面系统地整理我国迁地栽培植物基础数据资料，对专科、专属、专类植物类群进行规范的数据库建设和翔实的图文编撰，既支撑我国植物学基础研究，又注重对我国农林、医药、环保产业的源头植物资源的评价发掘和利用，具有长远的基础数据资料的整理积累和促进经济社会发展的重要意义。植物园的引种栽培植物在植物科学的基础性研究中有着悠久的历史，支撑了从传统形态学、解剖学、分类系统学研究，到植物资源开发利用、为作物育种提供原始材料，及至现今分子系统学、新药发掘、活性功能天然产物等科学前沿乃至植物物候相关的全球气候变化研究。

《中国迁地栽培植物志》将基于中国植物园活植物收集，通过植物园栽培活植物特征观察收集，获得充分的比较数据，为分类系统学未来发展提供翔实的生物学资料，提升植物生物学基础研究，为植物资源新种质发现和可持续利用提供更好的服务。《中国迁地栽培植物志》将以实地引种栽培活植物形态学性状描述的客观性、评价用途的适用性、基础数据的服务性为基础，立足生物学、物候学、栽培繁殖要点和应用；以彩图翔实反映茎、叶、花、果实和种子特征为依据，在完善建设迁地栽培植物资源动态信息平台和迁地保育植物的引种信息评价、保育现状评价管理系统的基础上，以科、属或具有特殊用途、特殊类别的专类群的整理规范，采用图文并茂方式编撰成卷（册）并鼓励编研创新。全面收录中国大陆、香港、澳门、台湾等植物园、公园等迁地保护和栽培的高等植物，服务于我国农林、医药、环保、新兴生物产业的源头资源信息和源头资源种质，也将为诸如气候变化背景下植物适应性机理、比较植物遗传学、比较植物生理学、入侵植物生物学等现代学科领域及植物资源的深度发掘提供基础性科学数据和种质资源材料。

《中国迁地栽培植物志》总计约60卷册，10～20年完成。计划2015—2020年完成前10～20卷册的开拓性工作。同时以此推动《世界迁地栽培植物志》（*Ex Situ Flora of the World*）计划，形成以我国为主的国际植物资源编目和基础植物数据库建立的项目引领。今《中国迁地栽培植物志·秋海棠科》书稿付梓在即，谨此为序。

黄宏文

2020年5月6日于广州

前言 PREFACE

我国植物园迁地保育了众多的秋海棠属植物，但一直缺乏对各植物园保育的秋海棠物种信息、植株形态和物候变化、栽培难点及技术要点等资料的梳理和分析。我们邀请多个植物园秋海棠保育专家共同编写此书，旨在为秋海棠属植物的迁地保育提供理论借鉴和技术参考，为相关研究提供翔实的活体植物生长发育特征数据，为秋海棠属植物的引种、种质资源保护和园艺新品种培育提供参考。编撰说明如下：

1. 本书共收录我国植物园迁地保育的国内外秋海棠属植物173种（含国内野生种142种，国外野生种31种）。物种拉丁名主要参照《中国植物志》第五十二卷第一分册和*Flora of China*第十三卷；种名排列按拉丁名字母顺序。

2. 概述部分简要介绍秋海棠属植物的相关知识，包括该属植物的分类、分布及资源概况、引种栽培历史、新品种选育及推广应用。

3. 每种植物介绍包括中文名、拉丁名、自然分布、迁地栽培形态特征、引种信息、物候、迁地栽培要点及主要用途，并附彩色照片。物种濒危状况评价和特有分布信息参考《中国生物多样性红色名录——高等植物卷》及IUCN红色名录。本书收录的秋海棠野生种中，共有5种濒危、9种易危和18种近危；88种为中国特有种。

4. 物种编写规范：（1）迁地栽培形态特征：根据栽培条件下植株生长表现进行客观描述，依照生长习性、茎、叶、花、果实顺序分别描述。对叶片斑纹或花色变异较大的物种，在迁地栽培形态特征描述中注明花色和叶片斑纹的多样性。（2）引种信息：包括植物园+引种时间+引种人+引种地（省/市 / 县 + 地点)+引种登记号。（3）物候按初花期、盛花期、末花期、果熟期的顺序编写。（4）迁地栽培要点中介绍不同秋海棠的养护要点，并给出提升植株观赏性状的水、肥管理建议。（5）主要用途部分重点介绍园艺应用及药用价值。（6）本书共收录彩色照片668张，包括各物种的植株、茎、叶、花、果实等，均为植物园迁地栽培条件下拍摄。

5. 由于秋海棠属多数物种对温湿度要求较严格，需在温室内养护，因此迁地栽培成本较高。尽管国内多家植物园均有引种，但引种规模有限，且以适应性较强的园艺品种居多。目前我国内地仅中国科学院昆明植物研究所、深圳市中国科学院仙湖植物园、上海辰山植物园和广西壮族自治区中国科学院广西植物研究所等少数几家单位有较大规模的秋海棠野生种保育。其中，中国科学院昆明植物研究所秋海棠温室有23年较大规模栽培保育秋海棠的历史，并有多年连续、规范的物候记录资料。本卷册中描述的秋海棠栽培形态特征、引种信息和物候记录主要来自中国科学院昆明植物研究所的秋海棠温室。

6. 为便于读者进一步查对，书后附有参考文献、本册收录的野生秋海棠在代表性植物园中的保存名录、中文名和拉丁名索引。

本卷册是全国多家单位科研人员团结协作的成果，我们对各参编人员给予的理解和支持表示衷心感谢。在编撰过程中，我们深切感受到了几十年来秋海棠属植物资源调查、活植物收集、迁地保育以及档案信息记录和科学数据收集整理的难度。中国科学院昆明植物研究所管开云研究员1995年建立秋海棠研究组，长期致力于秋海棠的收集、保育和相关基础研究，两代数十人为我国野生秋海棠资源评估、种质资源收集、迁地保育数据积累等呕心沥血，历经坎坷仍矢志不渝，为该卷册编撰奠定了坚实基础。在此，向参与和支持该团队秋海棠温室建设、维持、管理和运行的所有人表示由衷地感谢和崇高的敬意！

因各个植物园的秋海棠迁地保育重点和相关信息资料搜集、整理进度不同，加上编者时间和精力所限，本卷册仅收录了我国植物园保存的部分秋海棠种类，且没有收录秋海棠栽培品种，也未能收录全部参编植物园的秋海棠物侯信息，在此深表遗憾和歉意。由于数据量大，编撰人力和水平有限，书中难免有疏漏之处，敬请读者批评指正。

本书承蒙以下研究项目的大力资助：科技基础性工作专项——植物园迁地栽培植物志编撰（NO.2015FY210100）；中国科学院华南植物园“一三五”规划（2016—2020）——中国迁地植物大全及迁地栽培植物志编研；生物多样性保护重大工程专项——重点高等植物迁地保护现状综合评估；国家基础科学数据共享服务平台——植物园主题数据库；中国科学院核心植物园特色研究所建设任务：物种保育功能领域；广东省数字植物园重点实验室；中国科学院科技服务网络计划（STS计划）——植物园国家标准体系建设与评估（KFJ-3W-No1-2）；中国科学院青年创新促进会优秀会员项目（Y201579）；云南省万人计划青年拔尖人才项目（YNWR-QNBJ-2018-092）；云南省野生资源植物研发重点实验室；云南省极小种群野生植物综合保护重点实验室。在此表示衷心感谢！

作者
2020年3月

目录 CONTENTS

概述

Summary

秋海棠科（Begoniaceae）隶属葫芦目（Cucurbitales），主要分布于中南美洲、亚洲和非洲的热带和亚热带地区，少数种类在温带地区也有分布。除分布于美国夏威夷群岛的单种属*Hillebrandia* Oliv.外，秋海棠科其余种类均属于秋海棠属（*Begonia* Linn.）。秋海棠属是全世界显花植物中的第六大属，全世界1900余种。中国是秋海棠属植物自然分布较丰富的国家之一，已报道种类224种（含亚种和变种），尚不断有新种发表。我国秋海棠属植物主要分布于西南部，尤以云南东南部和广西西南部种类最为丰富。

秋海棠属植物在生长习性、毛被、叶形、叶片斑纹、花色、果实形态及结构等方面表现出极高的多样性，是研究热带和亚热带草本植物形态和结构多样性进化的理想材料。该属植物花朵艳丽，花形多姿，花色丰富，有粉红、白、黄、淡绿、橙等多种颜色；叶形千差万别、几乎包含了植物界所有的叶形；叶色有淡绿、深绿、淡棕、深褐及紫红等；叶片斑纹丰富多样、色彩华丽，具有很高的观赏价值，是一种优良的草本观赏花卉。作为室内观赏植物，秋海棠盆花倍受青睐，在日本被誉为“盆花之王”。

自20世纪50年代初期以来，我国学者对秋海棠属植物进行了广泛的野生资源调查、种质资源收集和驯化，发现了众多新物种和新分布，并在迁地保育基础上开展了大量杂交育种和新品种选育研究。近些年来，随着生物多样性保护意识的增强，我国在秋海棠属植物迁地保育方面的工作取得了较大进展。特别是近10年来，国内多家植物园大力推进秋海棠种质资源的收集和保育工作，保育种类和规模大幅增长。至今，已有约900个野生种（含亚种和变种）迁地保育于我国各植物园温室，约占全世界野生种类的一半；收集保存的国内外栽培品种超过800个，极大地丰富了我国的秋海棠种质资源库，为种质资源创新和园艺新品种选育积累了宝贵的材料。

一、秋海棠属分类、分布及资源概况

1651年，第一个秋海棠属植物被西班牙人弗朗西斯·赫尔南德兹（Francisco Hernandez）正式描绘。1695年，法国植物学家查尔斯·普罗米尔（Charles Plumier）首次提出沿用至今的秋海棠属名。1753年，林奈（Carl Linnaeus）将普罗米尔描述的秋海棠合并定名为*Begonia obliqua* L.，并以此为属模式建立了秋海棠属。

作为泛热带分布的一个大属，秋海棠分布广泛，种类繁多，其分类学研究中存在较多问题。1925年，伊姆舍尔（Irmscher）根据果实的形态、胎座类型、胎座裂片等形态特征，将全球的秋海棠属植物分为65个组。1998年，杜艮鲍斯（Doorenbos）等将分组数减少到了63个。根据税玉民2002年发表的分类系统，我国分布的秋海棠可分为9个组。由于秋海棠属植物形态变异复杂，性状受环境影响较大，自然杂交现象普遍，即便是在分子生物学技术被广泛应用于分类学研究的今天，秋海棠属在组以及种水平的划分处理上仍存在诸多争议，尤其近缘种类鉴定存在较大困难。

秋海棠属植物在我国主要分布在长江以南地区，分布海拔90～3400m，在云南、广西、贵州和四川等地种类尤为丰富。云南境内已知并发表的秋海棠有110种（含亚种和变种），约占中国自然分布种类的一半，其中74种为云南特有分布。2007年*Flora of China*第十三卷（秋海棠科）发表后，在广西境内发现并发表的秋海棠新种较多。目前已报道广西分布的秋海棠85种。贵州和四川分布的秋海棠分别为25种和22种。

我国分布的大多数野生秋海棠为中国特有种，许多种类分布狭域，仅在模式产地存在或仅有几个零星分布的小居群。一山一种，乃至一洞一种的分布格局在秋海棠属植物中较为常见。除少数球茎种类相对耐寒耐旱，大多数秋海棠属植物常分布于排水良好、有一定遮阴的常绿阔叶林下、溪边石壁上、瀑布边、流水或阴湿的石灰岩溶洞口石壁上。一旦其生存环境遭到破坏，某些种类即面临灭绝风险。

野生秋海棠叶形和斑纹多样性

野生秋海棠花序类型多样性

野生秋海棠花形和花色多样性

野生秋海棠花形和花色多样性

野生秋海棠果实形态多样性

二、秋海棠属植物的引种栽培历史

秋海棠属植物在我国的栽培历史悠久，最早的文字记载可追溯到宋朝的《采兰杂志》，距今已有近千年历史。尽管秋海棠在我国的栽培历史悠久，然而早期栽培的主要是分布广泛、耐寒的中华秋海棠（*B. grandis* subsp. *sinensis*），栽培目的多以药用为主。将秋海棠作为园艺观赏植物引种栽培最初主要在欧美国家盛行。1777年，威廉・布朗（William Brown）成功将来自牙买加的小秋海棠（*B. minor*）引种到邱园，标志着秋海棠属植物在欧洲园艺栽培历史的开始。早期的秋海棠引种主要通过活植物移栽，存在远距离运输时存活率低、运输成本高的问题。20世纪初期，在美国秋海棠协会等组织的倡导下，种子交换成为秋海棠属植物引种的新方式，极大地促进了各地间秋海棠种质资源的交换。许多国家一直很重视对秋海棠属植物的资源搜集。英国格拉斯哥植物园引种栽培的秋海棠属植物达500多种，荷兰、美国、日本和澳大利亚等也收集保存了较多的野生种。

我国对秋海棠属植物开展系统性引种栽培和迁地保育研究始于20世纪50年代。1950年，中国科学院昆明植物研究所植物园开始引种栽培秋海棠，但初期收集和保存的种类和数量较少。直至1995年，中国科学院昆明植物研究所管开云研究员成立秋海棠研究课题组，专门开展秋海棠属植物种质资源的野外调查研究和专类收集保育，先后在云南的大姚、禄劝、嵩明、石林、大理、丽江、中甸、贡山、腾冲、盈江、陇川、永德、耿马、沧源、澜沧、景洪、勐腊、勐海、景东、绿春、元阳、金平、蒙自、屏边、河口、马关、麻栗坡、西畴、富宁、广南、彝良、盐津、绥江等30多个县（市）或地区，对秋海棠属植物进行了系统的地理分布和资源状况调查研究，以及迁地保育繁殖栽培材料的收集保育。此后进一步扩大考察和引种范围，对广西的天峨、凤山、东兰、巴马、都安、罗城、鹿寨、永福、临桂、阳朔、上思、大新、宜山、隆安、崇左、龙州、靖西、德保、那坡，海南的昌江、保亭、陵水、琼海、文昌，四川的木里、彭州、峨眉山、都江堰、盐边，重庆的南川，贵州的习水、兴义，西藏的波密、墨脱等地作了全面的资源考察。同时，根据不同种类、不同生长时期，因地制宜分别采集种子、幼苗、茎段或叶片等繁殖材料进行繁殖栽培和迁地保育。经过近30年的积累，建成种质资源收集保育温室2000m^2、引种栽培秋海棠410种/品种，其中以云南野生种为主的国内野生种168种、国外野生种和园艺品种242个，栽培保存规模15000余盆。在收集保育秋海棠种质资源的同时，开展引种驯化生物学、繁殖生物学、遗传育种学、细胞生物学、孢粉学、种子生物学和保护生物学等基础研究，是目前中国内地最大的整合基础理论和应用基础研究为一体的秋海棠属植物种质资源收集保育基地。

近年来，我国秋海棠属植物种质资源的搜集和保育力度明显增加。闻名中外的台湾辜严倬云植物保种中心自2007年成立以来，收集保存国内外秋海棠1349种/品种；深圳市中国科学院仙湖植物园保存国内外秋海棠390种/品种；厦门植物园、上海辰山植物园、上海植物园、广西桂林植物园、中国科学院华南植物园和中国科学院西双版纳热带植物园等多家单位也引种和保育着较丰富的秋海棠种质资源。

由于秋海棠野外生境遭到严重扰动和破坏，很多种类成为濒危或易危物种。迁地栽培和保育成了保护秋海棠野生种质资源的重要途径。与国外园艺观赏驱动下全民参与的引种和栽培模式不同，我国目前引种栽培秋海棠仍以科研单位或保护组织为主，普通民众极少参与。由于多数秋海棠的迁地保育需在保持一定温湿度的温室环境下进行，迁地保育存在保存空间有限、保存物种的遗传多样性不高、易受病虫危害或管理疏忽造成资源丧失、日常栽培养护成本高等问题。如何长期高效地保育这些来之不易的种质资源，仍是秋海棠种质资源保护工作中的一道难题。

三、秋海棠属植物杂交育种与新品种选育

自1651年第一个秋海棠属植物被描述至今的300多年时间内，众多植物学家和秋海棠爱好者，乐此不

疲地对秋海棠开展了大量杂交育种和新品种选育工作，使其成为世界上著名的观赏花卉类群之一。英国、日本和美国等多个国家成立秋海棠协会，甚至设立了专门的研究基金，极大地推动了秋海棠新品种选育。目前全世界已有超过17000个杂交种和栽培变种。由于多数秋海棠比较容易杂交并产生大量种子，杂交育种是最常用的新品种选育方法。此外，自然突变、物理或化学诱变也是选育秋海棠新品种的重要途径。随着分子育种技术的飞速发展，转基因和基因编辑技术在秋海棠育种中的应用也得到越来越多的关注。

在秋海棠新品种选育中，以赏花为主的球根海棠（“球根”实为节间极度缩短且膨大的根状茎。为便于读者理解，本书沿用目前通用的商品名）、四季海棠和冬花秋海棠系列品种，以及观叶为主的蟆叶秋海棠系列品种备受青睐。尽管秋海棠品种众多，但维琪秋海棠（*B. veitchii*）、施密特秋海棠（*B. schmidtiana*）、素科特秋海棠（*B. socotrana*）及大王秋海棠（*B. rex*）等少数几个野生种是多数品种选育过程中重要的亲本材料。例如，维琪秋海棠、玻利维亚秋海棠（*B. boliviensis*）和皮尔斯秋海棠（*B. pearcei*）是球根类重瓣秋海棠的重要亲本，施密特秋海棠和四季秋海棠（*B. cucullata*）是四季秋海棠系列品种的亲本，素科特秋海棠是冬季开花品种如丽格海棠的重要亲本，而大王秋海棠则是广受欢迎的蟆叶秋海棠系列品种的共同祖先。

中国野生秋海棠种类丰富，超过50%的种类具园艺观赏价值，有些可直接作为园艺植物栽培。然而，国内对秋海棠属植物的研究主要集中在基础理论方面，对杂交育种和新品种培育的系统研究则不多见。中国科学院昆明植物研究所秋海棠研究团队经20余年积累，开展了526个组合的有性杂交，并借助航天育种等技术，育成并注册了31个秋海棠新品种，获批国家发明专利12项，在全球秋海棠属植物的育种历程中记入了我国具有自主知识产权的秋海棠新品种，为我国秋海棠属植物种质资源开发利用提供了技术借鉴并奠定了理论基础。2017年，上海辰山植物园田代科研究员带领的科研团队向秋海棠属新品种国际登录机构美国秋海棠协会提交的秋海棠新品种登录申请获得批准，首次实现了我国自主培育的秋海棠品种国际登录。然而，相对于国际市场秋海棠花卉品种的丰富程度和极高的市场推广程度，我国秋海棠花卉新品种培育和市场开发严重滞后，亟待开发具有自主知识产权和适应国内市场需求的花卉新品种。

四、秋海棠属植物的应用

秋海棠属植物的资源利用主要集中在园艺观赏和药用方面，部分种类还有食用价值，也有少数种类被用作染料或饲料。

秋海棠不仅花色艳丽，其丰富的叶形和五彩斑斓的叶片斑纹也颇受青睐。园艺应用中最受推崇的是观赏性状好、适应能力强的品种。常见的栽培品种有四季海棠、球根海棠、竹节海棠、银星海棠等。其中，四季海棠姿态优美，叶色娇嫩光亮，花朵成簇，四季开放，适栽范围广，容易养护，是室内外装饰的主要盆花之一，在园艺造景中最为常见。秋海棠属植物多数种类用于温室展示或室内盆花，一些适应能力强的种类可用于室外盆栽、吊盆、花坛、花柱及大型造景。

秋海棠属植物含有丰富的甾体和黄酮类化合物，不少种类可作药用，具有散瘀止痛、消炎解渴、凉血止血等功效。例如，无翅秋海棠（*B. acetosella*）在云南被称为黄疸草，在治疗肌肉痉挛和痛经方面有疗效；美丽秋海棠（*B. algaia*）的根状茎在江西和湖南被用作治疗跌打损伤和蛇毒的草药；歪叶秋海棠（*B. augustinei*）在云南和广西的一些地方被用来治疗毒蛇咬伤。秋海棠（*B. grandis*）在中国分布最广，其药用历史也最悠久，最早的药用记载见于1765年赵学敏编著的《本草纲目拾遗》，具有活血调经、止血止痢、镇痛消肿、杀虫等功效。

秋海棠属植物富含钙、铁等元素，一些种类茎叶有酸味，常被作为野菜食用，也有的被制成饮品。例如广东肇庆鼎湖山开发的紫背天葵饮料，即是用秋海棠属植物紫背天葵（*B. fimbristipula*）烘制而成，在广东被用来泡茶，据说有健胃解酒的功效。在欧、美的多个国家，也有诸多把秋海棠作为蔬菜、饮品或烹饪调味品的案例。

常见的球根秋海棠品种花色和花形

中国科学院昆明植物研究所培育的部分观叶秋海棠新品种

秋海棠科

Begoniaceae C. Agardh Aphorismi Botanici. 200.1824.

多年生草本，少数亚灌木，极少数为攀缘植物；多数种类植株肉质多汁。茎直立或匍匐，稀呈攀缘状，部分种类无明显的茎，仅具根状茎、球茎或块茎。叶片较小或中等，单叶互生或基生，偶为掌状复叶，边缘具齿或不同程度地分裂，少数全缘；叶常自基部偏斜，主脉两侧叶面不相等；基部叶脉常呈掌状；叶片正面常具银色或暗褐色斑纹；叶具长柄，多柔软；托叶早落。花单性，雌雄同株，少数种类雌雄异株，通常组成聚伞花序，花序腋生或顶生；花被片花瓣状，覆瓦状排列或轮状排列；雄花被片2或4枚，极少数10枚，离生，极稀合生，雄蕊多数，常向心成熟，花丝离生或基部合生，二体雄蕊或多体雄蕊；花药合生，2室，常侧裂，药隔变化较大，有或无附属物；花粉粒具3孔沟；雌花被片2～5枚，极少数6～10枚，多离生；雌蕊由2～5（～7）枚心皮形成；子房下位，极少种类半下位，1室，具3个侧膜胎座或2～3～4

各论

Genera and Species

(~5~7)室而具中轴胎座，每室胎座有1~2裂片，裂片通常不分枝，偶尔分枝，花柱离生或基部合生；干型柱头呈螺旋状、头状、肾状或U字形，并带刺状乳突。蒴果，室背开裂或不开裂，部分种类的果实呈浆果状；果实常具不等大3翅，少数种类的果实无翅而带棱；种子细小、无胚乳，种子数多。

2属1900余种。广布于热带和亚热带地区，尤以中南美洲、亚洲和非洲种类最为丰富。*Hillebrandia* Oliv.属仅1种，分布于美国夏威夷群岛；秋海棠属（*Begonia* L.）泛热带分布，中国有224种。

秋海棠属

Begonia Linn. Gen. Pl. ed. 2. 516: 1742

多年生肉质草本植物，极稀亚灌木。根状茎球形、块状、圆柱状或伸长呈长圆柱状，直立、横生或匍匐。茎直立或匍匐，少数种类呈攀缘状或无明显的地上茎。单叶，少数种类具掌状复叶，叶互生或全部基生；叶片两侧常不对称，叶形极其多样，从长披针形至近圆形，有时盾状着生；叶片有全缘、浅裂或深裂；叶片光滑或有复杂的网纹或凸起；叶片正面常为绿色，有时带紫色，较多种类有暗褐色或者银白色斑纹，叶背红色；气孔在叶片的分布极不均匀，多分布在叶背，且常成簇发生；不同环境下栽培时叶片颜色和斑纹常出现较大变化；叶柄较长，托叶膜质。秋海棠的毛被各有特色，有些种类全株无毛，有些种类在叶片、叶柄、花序或果实上或多或少被毛，毛被的长短、质地、颜色和疏密各不相同；毛被颜色通常为白色或红色，少数为褐色；多数叶表皮毛为单列或多列细胞组成的多细胞结构。花单性，多数雌雄同株，少数种类雌雄异株，聚伞花序或圆锥花序；离瓣花，花被片常2～4枚，通常外轮大而内轮小，花被颜色多为白色或粉红色，有时为橙色或橘红色，稀为黄色；雌花的子房有3个翅，子房下位，1室，具3个侧膜胎座，或为中轴胎座。果实大多为蒴果，常具略不等或极不相等的3翅，部分种类的蒴果无翅；少数种类的果实为圆柱形或四棱形的浆果。种子细小、无胚乳，量大。

1900余种，广泛分布于热带和亚热带地区，以中、南美洲、亚洲和非洲种类最为丰富。中国224种（含亚种或变种），主要分布在长江流域以南各地区，以云南东南部、广西西南部最为集中，极少数种类分布到长江以北地区。

国内野生种记述（142种）

1
无翅秋海棠

Begonia acetosella var. ***acetosella*** Craib, Bull. Misc. Inform. Kew 1912:153. 1912.

自然分布

分布于云南南部、东南部、西南部，西藏东南部，生于海拔500～1800m的林下阴湿山谷或路边斜坡。老挝、缅甸、泰国、越南也有分布。

鉴别特征

直立茎，雌雄异株，花被片白色，叶面被极疏刚毛。

迁地栽培形态特征

多年生常绿草本，株高50～90cm，冠幅60～90cm。

茎 直立茎粗壮，无毛，茎基直径8～10mm，茎高40～80cm。具匍匐根状茎，直径1.5cm。

叶 叶片轮廓长卵状披针形，长8～13cm、宽3～7cm；叶片正面深绿色，被极疏刚毛，背面沿脉密生柔毛。

花 雌雄异株，花被片白色，雄花直径2.5～2.8cm，外轮2被片倒卵状椭圆形，内轮2被片长圆状披针形；雌花直径1.5～2.0cm，花被片5，卵圆形。

果 果实无翅，浆果状蒴果。

受威胁状况评价

近危（NT）。

引种信息

昆明植物园 1996年5月，管开云、陶国达从云南西双版纳野外采集引种（登记号1996–1）。2000年5月，李景秀、向建英从云南西双版纳野外采集引种（登记号2000–3）。

物候

昆明植物园 7月2～8日初花，盛花期7月17日至8月4日，8月19～27日末花；果实成熟期10月上旬至11月下旬。

迁地栽培要点

属直立茎类型，栽培过程中应注意摘心、控制顶端优势，促进侧茎生长，调整株形。采用富含有机质、透气、排水良好的复合营养基质栽培，植株生长发育期适当增施磷、钾肥，使直立茎健壮生长，提高植株的抗倒伏能力。

主要用途

室内盆栽或庭园栽培观赏。

植株
叶片
雄花
雌花
子房

2
粗毛无翅秋海棠

Begonia acetosella var. ***hirtifolia*** Irmscher, Mitt. Inst. Allg. Bot. Hamburg 10: 515. 1939.

自然分布

分布于云南普洱、勐腊，生于海拔1400～1500m的林下阴湿山谷或路边斜坡。

鉴别特征

直立茎，雌雄异株，花被片白色，叶面密生刚毛。

迁地栽培形态特征

多年生常绿草本，株高50～80cm，冠幅60～85cm。

茎 直立茎粗壮，无毛，茎基直径8～9mm，茎高40～70cm。具匍匐根状茎，直径1.2cm。

叶 叶片轮廓长卵状披针形，长8～13cm、宽3～7cm；叶片正面深绿色，密生刚毛。

花 雌雄异株，花被片白色，聚伞花序，着花数4～6朵。雄花直径2.5～2.8cm，外轮2被片倒卵状椭圆形，内轮2被片长圆状披针形；雌花直径1.5～2.0cm，花被片5，卵圆形。

果 无翅，浆果状蒴果。

受威胁状况评价

数据缺乏（DD）。

引种信息

昆明植物园 1997年6月5日，管开云、陶国达从云南西双版纳的勐腊野外采集引种（登记号1997-1）。

物候

昆明植物园 7月2～8日初花，盛花期7月17日至8月4日，8月19～27日末花；果实成熟期10月上旬至11月下旬。

迁地栽培要点

属直立茎类型，栽培过程中应注意摘心、控制顶端优势，促进侧茎生长，调整株形。采用富含有机质、透气、排水良好的复合营养基质栽培，植株生长发育期适当增施磷、钾肥，使直立茎健壮生长，提高植株的抗倒伏能力。

主要用途

室内盆栽或庭园栽培观赏。

雌花
雄花
植株

3
美丽秋海棠

Begonia algaia L. B. Smith & Wasshausen, Phytologia 52: 441. 1983.

开花植株

自然分布

分布于湖南张家界，江西安福、井冈山、永新、遂川、上犹、武功山等地，生于海拔320～800m的林下阴湿山谷溪沟边、河畔，以及路边灌丛或石壁。中国特有种。

鉴别特征

根状茎，叶片掌状二重深裂。

迁地栽培形态特征

多年生常绿草本，株高25～35cm，冠幅35～45cm。

茎 根状茎匍匐，红褐色，直径5～8mm，长4～11cm。

叶 叶片轮廓宽卵形至长圆形，长10～20cm、宽9～19cm，掌状深裂，中间3裂片再中裂，裂片披针形至卵状披针形；叶面深绿色，散生粗毛。

花 花被片粉红色至浅桃红色，二歧聚伞花序，着花数6～10朵，单株开花数极多，数十至上百朵。雄花直径4～5.5cm，外轮2被片宽卵形，内轮2被片倒卵状长圆形；雌花直径4.5～5.2cm，外轮2被片宽卵形，内轮被片3，倒卵形。

果 蒴果，具不等3翅。

受威胁状况评价

近危（NT）。

引种信息

昆明植物园 1998年7月2日，田代科从湖南张家界引种（登记号1998-2）。

物候

昆明植物园 5月4～8日初花，盛花期5月10～20日，5月25日至6月10日末花；果实成熟期8月初至9月下旬。

迁地栽培要点

属根状茎类型，采用富含有机质、透气、排水良好的复合营养基质栽培，切忌过深，以免根状茎腐烂。由于叶片茂密、数量多，栽培基质灌水应从叶下部喷入。开花期适当增加斜射光照，并增施磷、钾肥，使植株开花数多，花大、色艳。

主要用途

室内盆栽观赏。

营养生长植株
花蕾
雄花和雌花
果实
花序

4
糙叶秋海棠

Begonia asperifolia Irmscher, Mitt. Inst. Allg. Bot. Hamburg 6: 359. 1927.

自然分布

分布于云南兰平、贡山、福贡等地，生于海拔2400～3400m的林下阴湿岩石壁或杂木林沟谷、溪边。中国特有种。

鉴别特征

球状茎，花被片粉红色或白色，叶面散生卷曲糙毛。

迁地栽培形态特征

多年生草本，株高15～35cm。具球状地下茎，冬季地上部分枯萎休眠。

茎 地下茎球状，直径2～3cm，着生较多须根。

叶 叶片轮廓宽卵形，长15～30cm、宽11～20cm，叶缘波状浅裂；叶面深绿色，散生卷曲毛。

花 花被片粉红色或白色，二歧聚伞花序，着花数极多，30～40朵。雄花直径2.5～3cm，外轮2被片卵圆形，内轮2被片卵状长圆形；雌花直径1.5～2.5cm，外轮2被片近圆形，内轮2被片倒卵形。

果 蒴果，具不等3翅，较大翅三角形。

受威胁状况评价

无危（LC）。

引种信息

昆明植物园 2006年8月11日，李景秀从云南贡山野外采集引种（登记号2006-19）。

物候

昆明植物园 7月2～6日初花，盛花期7月8～15日，8月25日至9月2日末花；果实成熟期10月中旬至12月上旬。12月中旬地上部分茎叶枯萎休眠期，翌年4月初萌芽恢复生长。

迁地栽培要点

属球状茎类型，定植栽培宜浅不宜深，采用富含有机质、透气、排水良好的复合营养基质栽培。植株休眠期避免栽培基质浇水过多造成球状茎腐烂，也应注意控制节水过度导致球状茎失水死亡。开花期增施磷、钾肥，植株开花整齐数多，花大、色艳。

主要用途

室内盆栽观赏。

初花植株

雄花

叶片毛被

盛花植株

末花及幼果期

雌花和果实

5
歪叶秋海棠

Begonia augustinei Hemsley, Gard. Chron., ser. 3, 2: 286. 1900.

保存植株

自然分布

分布于云南澜沧惠民、勐海、景洪等地，生于海拔960～1500m的密林下阴湿山谷或路边土坎、斜坡。中国特有种。

鉴别特征

根状茎，叶面具紫褐色斑纹，沿中肋银绿色。

迁地栽培形态特征

多年生草本，株高25～30cm，冠幅25～50cm。根状茎肉质膨大，秋冬季地上部分叶片枯萎休眠。

茎 根状茎匍匐，肉质膨大，红褐色，直径2.5～3.5cm，长5～10cm。

叶 叶片轮廓宽卵形，长12～20cm、宽10～15cm；叶面褐绿色，镶嵌紫褐色斑纹，沿中肋具银绿色斑纹，整体密被柔毛。

花 花被片粉红色至桃红色，二歧聚伞花序，着花数3～6朵。雄花直径4.5～5cm，外轮2被片椭圆形，内轮2被片长圆形；雌花直径3.8～4.2cm，外轮2被片倒卵形，内轮被片2、有时3，倒卵状长圆形。

果 蒴果，具不等3翅，较大翅三角形。

受威胁状况评价

无危（LC）。

引种信息

昆明植物园 2007年7月28、30日，李景秀、李宏哲、季慧从云南澜沧惠民和勐海野外采集引种（登记号2007-11、2007-17）。

物候

昆明植物园 7月28日至8月10日初花，盛花期8月20日至9月10日，9月15日至10月3日末花；果实成熟期10月下旬至12月中旬；11月中旬至12月下旬地上部分叶片逐渐枯萎休眠，翌年4月上中旬开始萌芽恢复生长。

迁地栽培要点

属根状茎类型，定植栽培宜浅不宜深，采用富含有机质、透气、排水良好的复合营养基质栽培。植株休眠期避免栽培基质浇水过多造成肉质膨大的根状茎腐烂，也应注意控制节水过度导致肉质根状茎失水死亡。开花期增施磷、钾肥，植株开花整齐数多，花大、色艳。

主要用途

室内盆栽观赏。全草入药治毒蛇咬伤。

6
橙花侧膜秋海棠

Begonia aurantiflora C. I. Peng et Y. Liu et al., Bot. Stud.49: 83-92. 2008.

盛花植株

自然分布

分布于广西靖西，生于海拔300m的林下阴湿石壁。中国特有种。

鉴别特征

根状茎，花被片橙黄色。

迁地栽培形态特征

多年生常绿草本，株高20～30cm，冠幅15～25cm。

茎 根状茎匍匐延伸，褐绿色，直径4～8mm，长5～30cm。

叶 叶片轮廓斜卵圆形，长5～8cm、宽6～7cm；叶面绿色或褐绿色，有的镶嵌银绿色斑纹。

花 花被片橙黄色，二歧聚伞花序，着花数4~8朵。雄花直径1.5~2cm，外轮2被片卵圆形，内轮被片2、有时1，卵状披针形；雌花直径1.2~1.8cm，外轮2被片倒卵圆形，内轮被片1，倒卵状披针形。

果 蒴果，具不等3翅，稍大翅三角形。

受威胁状况评价

濒危（EN）。

引种信息

昆明植物园 2008年8月18日，李宏哲、胡枭剑、杨丽华从广西靖西野外采集引种（登记号2008-40）。

桂林植物园 引自广西靖西，引种编号1。

物候

昆明植物园 9月27日至10月25日初花，盛花期11月14~28日，12月25日至2月16日末花；果实成熟期12月下旬至翌年3月。

桂林植物园 5月1日花序形成，5月14日初花，5月30日盛花，翌年2月13日末花；2月26日果实成熟；1月5日新芽萌动。

迁地栽培要点

属根状茎类型，采用富含有机质、透气、排水良好的复合营养基质栽培，切忌过深，以免根状茎腐烂。由于叶片茂密、数量多，栽培基质灌水应从叶下部喷入。开花期适当增加斜射光照，并增施磷、钾肥，使植株开花数多，花大、色艳。

主要用途

室内盆栽观赏。

花序

雄花

叶片斑纹

7
耳托秋海棠

Begonia auritistipula Y. M. Shui & W. H. Chen, Acta Bot. Yunnan. 27: 357. 2005.

自然分布

分布于广西隆安，生于海拔200～300m的林下阴湿石灰岩间或石灰岩洞中石壁。中国特有种。

鉴别特征

根状茎匍匐至藤蔓状，叶片托叶耳状。

迁地栽培形态特征

多年生常绿草本，株高15～25cm，冠幅20～35cm。

茎 根状茎匍匐至藤蔓状，褐紫色，直径5～8mm，长12～40cm。

叶 叶片轮廓斜卵圆形，长8～12cm、宽4～6cm，边缘不规则浅波状；叶面褐绿色，被微柔毛，有时沿掌状脉略透浅银白色晕斑，托叶耳状。

花 花被片粉红色，二歧聚伞花序，着花数3～6朵。雄花直径1.8～2.5cm，外轮2被片宽卵形或近圆形，内轮2被片长圆形；雌花直径1.5～2cm，外轮2被片近圆形，内轮被片2、有时1，长圆形。

果 蒴果，具不等3翅，较大翅半圆形。

受威胁状况评价

无危（LC）。

引种信息

昆明植物园 1997年12月8日，田代科从广西南宁药用植物园引种栽培（登记号1997-24）。

物候

昆明植物园 5月25日至6月3日初花，盛花期8月10～25日，8月下旬末花；果实成熟期9月上旬至11月下旬。

迁地栽培要点

属根状茎类型，采用富含有机质、透气、排水良好的复合营养基质栽培，切忌过深，以免根状茎腐烂。由于叶片茂密、数量多，栽培基质灌水应从叶下部喷入。开花期适当增加斜射光照，并增施磷、钾肥，使植株开花数多，花大、色艳。

主要用途

室内盆栽观赏。

苞片
花序
果实
托叶
叶片
茎垂吊延伸

8
桂南秋海棠

Begonia austroguangxiensis Y. M. Shui & W. H. Chen, Acta Bot. Yunnan. 27: 359. 2005.

开花植株

自然分布

分布于广西龙州金龙、板闭，生于海拔250～550m的林下阴湿石灰岩山谷或石壁。中国特有种。

鉴别特征

根状茎，叶面褐绿色，具银绿色斑纹。

迁地栽培形态特征

多年生常绿草本，株高10～13cm，冠幅10～12cm。

茎 根状茎匍匐，红褐色，直径3～8mm，长5～7cm。

叶 叶片轮廓卵圆形，长5～9cm、宽6～8cm；叶面褐绿色，有的脉间镶嵌银绿色斑纹。

花 花被片粉红色，二歧聚伞花序，着花数3～12朵。雄花直径1.8～3cm，外轮2被片长卵形，内轮2被片倒卵状长圆形；雌花直径1.5～2.5cm，外轮2被片卵圆形，内轮被片1，长圆形。

果 蒴果，具不等3翅，稍大翅近半圆形。

受威胁状况评价

无危（LC）。

引种信息

昆明植物园 2014年5月28日，唐文秀、李景秀从广西龙州野外采集引种（登记号2014-7）。

物候

昆明植物园 11月16～28日初花，盛花期12月5～10日，12月15～28日末花；果实成熟期翌年2月下旬至3月。

上海辰山植物园 11月3日花芽出现，初花。

迁地栽培要点

属根状茎类型，采用富含有机质、透气、排水良好的复合营养基质栽培，切忌过深，以免根状茎腐烂。由于叶片茂密、数量多，栽培基质灌水应从叶下部喷入。

主要用途

室内盆栽观赏。

雌花

雄花

9
巴马秋海棠

Begonia bamaensis C. I. Peng et al., Bot. Stud. 48: 465-473. 2007.

开花植株

自然分布

分布于广西巴马，生于海拔480m的林下阴湿石灰岩洞内石壁或灌丛中。中国特有种。

鉴别特征

根状茎，叶面绿色，脉间嵌不规则银白色斑纹。

迁地栽培形态特征

多年生常绿草本，株高15～35cm，冠幅10～25cm。

茎 根状茎匍匐，褐绿色，直径5～12mm，长10～12cm。

叶 叶片轮廓卵圆形，长6～12cm、宽5～10cm；叶面翠绿色，脉间嵌不规则的银白色斑纹，叶柄被白色长柔毛。

花 花被片浅桃红色，二歧聚伞花序，着花数6～8朵。雄花直径1.8～2.5cm，外轮2被片近圆形，内轮2被片长椭圆形；雌花直径1.5～2.5cm，外轮2被片近圆形，内轮被片1，椭圆形。

果 蒴果，具不等3翅，稍大翅近半圆形。

受威胁状况评价

无危（LC）。

引种信息

昆明植物园 2010年8月24日，李景秀、胡枭剑、崔卫华、任永权从广西巴马野外采集引种（登记号2010-76）。2013年8月29日，李景秀、崔卫华从广西桂林植物园引种栽培（登记号2013-53）。

桂林植物园 引自广西巴马，引种编号2。

物候

昆明植物园 5月23日至6月5日初花，盛花期6月20～29日，7月上中旬末花；果实成熟期8月下旬至9月下旬。

桂林植物园 12月23日花序形成，1月31日初花，2月28日盛花，6月6日末花；翌年2月26日幼果，5月25日果实成熟；12月23日新芽萌动，翌年1月5日叶片平展。

迁地栽培要点

属根状茎类型，采用富含有机质、透气、排水良好的复合营养基质栽培，切忌过深，以免根状茎腐烂。由于叶片茂密、数量多，栽培基质灌水应从叶下部喷入。

主要用途

室内盆栽观赏。

雄花

雌花

花序

10
金平秋海棠

Begonia baviensis Gagnepain, Bull. Mus. Natl. Hist. Nat. 25: 195. 1919.

营养生长植株

自然分布

分布于云南金平，生于海拔450m的季雨林下阴湿山谷或溪沟旁。

鉴别特征

根状茎，植株及新梢被红褐色卷曲长毛。

迁地栽培形态特征

多年生常绿草本，株高50～65cm，冠幅40～55cm。

茎 根状茎匍匐粗壮，紫褐色，直径2.5～3.2cm，长10～15cm。有较短地上茎，长5～12cm。

叶 叶片轮廓卵形或近圆形，长15～20cm、宽10～22cm，掌状5～7深裂；叶面深绿色，被长柔毛，新梢密被粗糙红褐色卷曲长毛。

花 花被片白色至浅粉红色，二歧聚伞花序，着花数2~4朵。雄花直径3.5~4cm，外轮2被片宽卵形，内轮2被片倒心形；雌花直径2.6~3.0cm，外轮2被片卵形，内轮3被片倒卵形。

果 蒴果，具不等3翅，较大翅舌状。

受威胁状况评价

近危（NT）。

引种信息

昆明植物园 1998年，田代科从云南东南部野外采集引种（登记号1998-3）。

物候

昆明植物园 1月2~16日初花，盛花期2月20~25日，3月上旬末花；果实成熟期4月中旬至5月下旬。

迁地栽培要点

属根状茎类型，采用富含有机质、透气、排水良好的复合营养基质栽培，切忌过深，以免根状茎腐烂。由于叶片茂密、数量多，栽培基质灌水应从叶下部喷入。

主要用途

室内盆栽观赏。

雌花　幼叶及毛被　雄花　花被片外面的刺状硬毛

11
双花秋海棠

Begonia biflora T. C. Ku, Acta Phytotax. Sin. 35: 43. 1997.

开花植株

自然分布

分布于云南麻栗坡，生于海拔250m的林下阴湿石灰岩洞内石壁。中国特有种。

鉴别特征

根状茎，花被片浅黄绿色。

迁地栽培形态特征

多年生常绿草本，株高10～15cm，冠幅10～20cm。

茎 根状茎匍匐，绿褐色，直径5～10mm，长6～10cm。

叶 叶片轮廓宽卵形至卵圆形，长5～10cm、宽4～8cm；叶面绿色至褐绿色，被短而贴生柔毛，叶柄密被褐色柔毛。

花 花被片浅黄绿色，二歧聚伞花序，着花数3～6朵。雄花直径1.5～2cm，外轮2被片长圆形或扁圆形，内轮2被片倒卵状长圆形；雌花直径1.2～1.8cm，外轮2被片扁圆形，内轮被片1，倒卵形。

果 蒴果，具近等3翅。

受威胁状况评价

易危（VU）。

引种信息

昆明植物园 2009年4月6日，李景秀、胡枭剑、杨丽华从云南麻栗坡野外采集引种（登记号2009-42）。2017年5月31日，孔繁才从云南麻栗坡野外采集引种（登记号2017-2）。

物候

昆明植物园 3月末初花，盛花期4月2～16日，4月下旬末花；果实成熟期6月下旬至7月下旬。

上海辰山植物园 2月14日初花，2月28日至3月7日盛花，3月7～27日末花；3月17日幼果。

迁地栽培要点

属根状茎类型，采用富含有机质、透气、排水良好的复合营养基质栽培，切忌过深，以免根状茎腐烂。由于叶片茂密、数量多，栽培基质灌水应从叶下部喷入。

主要用途

室内盆栽观赏。

雄花

雌花

子房

12
越南秋海棠

Begonia bonii Gagnepain, Bull. Mus. Hist. Nat (Paris) 25: 196. 1919.

开花植株

自然分布

分布于云南麻栗坡，生于海拔1400m的林下阴湿石灰岩山地或洞内石壁。越南也有分布。

鉴别特征

根状茎，叶面褐绿色，背面褐红色。

迁地栽培形态特征

多年生常绿草本，株高15~25cm，冠幅18~25cm。

茎 根状茎匍匐，紫褐色，直径8~12mm，长10~13cm。

叶 叶片轮廓卵圆形至近圆形，长6~11cm、宽5~8cm；叶面褐绿色，背面褐红色。

花 花被片粉红色，二歧聚伞花序，着花数6~12朵。雄花直径1.5~2.5cm，花被片通常4、有时6，外轮被片宽卵形，内轮被片椭圆形；雌花直径1.2~2.0cm，外轮2被片宽卵形或近圆形，内轮被片1，椭圆形。

果 蒴果，具近等3翅。

受威胁状况评价

数据缺乏（DD）。

引种信息

昆明植物园 2003年，税玉民从云南麻栗坡野外采集引种（登记号2003-15）。

物候

昆明植物园 11月上旬初花，盛花期11月13~25日，12月中旬末花；果实成熟期翌年2月上旬至3月中旬。

迁地栽培要点

属根状茎类型，采用富含有机质、透气、排水良好的复合营养基质栽培，切忌过深，以免根状茎腐烂。由于叶片较大型，栽培基质灌水应从叶下部喷入。

主要用途

室内盆栽观赏。

匍匐茎

花序

13
武威秋海棠

Begonia* × *buimontana Y. Yamamoto, J. Soc. Trop. Agric. 5: 353. 1933.

开花植株

自然分布

分布于台湾屏东、嘉义、高雄，生于海拔1000～1600m的林下阴湿山谷。中国特有种。

鉴别特征

直立茎，雌花被片匙形。

迁地栽培形态特征

多年生常绿草本，株高40～85cm，冠幅50～90cm。

茎 直立茎粗壮，直径2.0～2.6cm，近无毛，茎高30～70cm。具匍匐横生根状茎。

叶 叶片轮廓斜卵状披针形，长8～22cm、宽4～8cm；叶面深绿色，密被粗硬毛。

花 花被片粉红色，二歧聚伞花序，着花数2～4朵。雄花直径2.4～3.0cm，外轮2被片倒卵形，内轮2被片倒披针形；雌花直径2～2.8cm，花被片2，匙形。

果 蒴果，具不等3翅。

受威胁状况评价

无危（LC）。

引种信息

昆明植物园 2006年3月20日，彭镜毅、李宏哲从台湾中央研究院生物多样性研究中心引种栽培（登记号2006-6）。

物候

昆明植物园 5月2～10日初花，盛花期5月15～25日，6月上旬末花；果实成熟期8月中旬至9月下旬。

迁地栽培要点

属直立茎类型，栽培过程中应注意摘心、控制顶端优势，促进侧茎生长，调整株形。采用富含有机质、透气、排水良好的复合营养基质栽培，植株生长发育期适当增施磷、钾肥，使直立茎健壮生长，提高植株的抗倒伏能力。

主要用途

室内盆栽或庭园栽培观赏。

雌花

雄花苞

14
花叶秋海棠

Begonia cathayana Hemsley, Bot. Mag. 134: t. 8202. 1908.

自然分布

分布于云南（河口新街约马儿、金平分水岭、屏边、蒙自、西畴、麻栗坡），生于海拔1200～1500m的常绿阔叶林下阴湿的山谷、溪沟边或路边灌丛中。

鉴别特征

直立茎，叶面暗紫褐色，密被短柔毛，具鲜艳的银绿色环状斑纹。

迁地栽培形态特征

多年生常绿草本，株高50～80cm，冠幅45～70cm。

茎 直立茎粗壮，被紫红色柔毛，直径1.2～1.5cm，茎高40～70cm。具匍匐粗壮根状茎。

叶 叶片轮廓卵形或卵状三角形，长8～14cm、宽5～11cm；叶面暗紫褐色，密被短柔毛，具鲜艳的银绿色环状斑纹。

花 花被片桃红色或橘红色，二歧聚伞花序，着花数8～10朵。雄花直径3.5～4.0cm，外轮2被片卵状椭圆形，内轮2被片狭卵形；雌花直径2.2～2.8cm，外轮2被片倒卵圆形，内轮被片3，长卵圆形。

果 蒴果，具不等3翅，较大翅舌状。

受威胁状况评价

无危（LC）。

引种信息

昆明植物园 1974年，从云南东南部引种（登记号1974-1）。2009年4月3日，李景秀、胡枭剑、杨丽华从云南河口、金平野外采集引种（登记号2009-63、2009-44）。

桂林植物园 引种来源不详，引种编号3。

物候

昆明植物园 7月3~10日初花，盛花期7月16~28日，8月中下旬末花；果实成熟期10月上旬至11月下旬。

桂林植物园 8月18日初花，9月14日盛花，10月10日末花；9月14日幼果；1月5日新芽萌动，1月12日叶片平展。

迁地栽培要点

属直立茎类型，栽培过程中应注意摘心、控制顶端优势，促进侧茎生长，调整株形。采用富含有机质、透气、排水良好的复合营养基质栽培，植株生长发育期适当增施磷、钾肥，使直立茎健壮生长，提高植株的抗倒伏能力。

主要用途

室内盆栽或庭园栽培观赏。全草入药治咳嗽、支气管炎等。

叶片斑纹

保存植株

15

昌感秋海棠

Begonia cavaleriei H. Léveillé, Repert. Spec. Nov. Regni Veg. 7: 20. 1909.

自然分布

分布于云南富宁、西畴、麻栗坡等地，生于海拔700～1000m的密林下阴湿岩石间。

鉴别特征

根状茎，叶片盾状着生，厚革质。

迁地栽培形态特征

多年生常绿草本，株高30～40cm，冠幅35～50cm。

茎 根状茎匍匐粗壮，紫褐色，直径1.5～2.0cm，茎高8～12cm。

叶 叶片轮廓近圆形或卵圆形，长8～22cm、宽5～19cm；叶片盾状着生，厚革质，亮绿色。

花 花被片粉红色至桃红色，二歧聚伞花序，着花数多，20～25朵。雄花直径3.5～4cm，外轮2被片宽卵形至卵形，内轮2被片长圆形；雌花直径3.2～3.5cm，外轮2被片近圆形，内轮被片1，长圆形。

果 蒴果倒卵状长圆形，具不等3翅，较大翅三角形或长圆状三角形。

受威胁状况评价

无危（LC）。

引种信息

昆明植物园 1984年，夏德云、冯桂华从云南东南部野外采集引种（登记号1984-1）。

桂林植物园 引种来源不详，引种编号4。

物候

昆明植物园 1月2～16日初花，盛花期7月4～18日，8月上旬末花；果实成熟期9月上旬至10月下旬。

桂林植物园 2月15日花序形成，3月13日初花，5月29日果实成熟；12月23日新芽萌动，1月10日叶片平展。

上海辰山植物园 2月14日初花，2月28日至3月17日末花，3月7日幼果。

迁地栽培要点

属根状茎类型，采用富含有机质、透气、排水良好的复合营养基质栽培，切忌过深，以免根状茎腐烂。由于叶片较大型茂密，栽培基质灌水应从叶下部喷入。

主要用途

室内盆栽观赏。全草入药舒筋活血，止痛。

雄花
幼花
雌花
幼果
营养生长植株

16
角果秋海棠

Begonia ceratocarpa S. H. Huang & Y. M. Shui, Acta Bot. Yunnan. 21: 13. 1999.

保存植株开花

自然分布

分布于云南河口，生于海拔350～400m的热带石灰山季雨林下阴湿的岩石缝隙或路边灌丛中。

鉴别特征

根状茎，浆果状蒴果菱形。

迁地栽培形态特征

多年生常绿草本，株高20～30cm，冠幅15～30cm。

茎 根状茎匍匐，被短柔毛，直径6～8mm。

叶 叶片轮廓卵状长圆形至卵状披针形，长14～16cm、宽7～8cm；叶面深绿色，近无毛。

花 花被片桃红色，二歧聚伞花序，着花数8～10朵，单株开花数极多，数十至上百朵。雄花直径2.5～3.0cm，外轮2被片宽卵形，内轮2被片倒卵状披针形；雌花直径2.0～2.5cm，花被片5，宽倒卵形。

果 浆果状蒴果菱形，较小。

受威胁状况评价

无危（LC）。

引种信息

昆明植物园 1997年12月8日，田代科从云南河口野外采集引种（登记号1997-4）。2009年3月28日，李景秀、胡枭剑、杨丽华从云南河口野外采集引种（登记号2009-38）。

物候

昆明植物园 11月2～7日初花，盛花期11月14日至12月10日，12月中下旬末花；果实成熟期2月中旬至3月下旬。

迁地栽培要点

属根状茎类型，采用富含有机质、透气、排水良好的复合营养基质栽培，切忌过深，以免根状茎腐烂。由于叶片茂密，栽培基质灌水应从叶下部喷入。开花期适当增加斜射光照，并增施磷、钾肥，使植株开花数多，花大、色艳。

主要用途

室内盆栽观赏。

雄花

雌花

花序

17
凤山秋海棠

Begonia chingii Irmscher, Mitt. Inst. Allg. Bot. Hamburg 10: 519. 1939.

初花植株

自然分布

分布于广西凤山、凌云、龙州、那坡等地，生于海拔700～800m的林下阴湿石灰岩洞内石壁或流水的洞口、石灰岩石壁。中国特有种。

鉴别特征

球状茎，雌花被片3，外轮2被片扁圆形。

迁地栽培形态特征

多年生草本，株高8～15cm。具球状地下茎，冬季地上部分枯萎休眠。

茎 地下茎球状，直径6～12mm，着生多数须根。

叶 叶片轮廓心形或宽卵形，长7～9cm、宽5～8.5cm；叶面深绿色，被卷曲柔毛。

花 花被片粉红色至浅桃红色，二歧聚伞花序，着花数2～5朵。雄花直径1.6～2.2cm，外轮2被片卵形，内轮2被片长圆形；雌花直径1.2～1.5cm，外轮2被片扁圆形，内轮被片1，宽椭圆形。

果 蒴果具不等3翅，较大翅长圆形。

受威胁状况评价

无危（LC）。

引种信息

昆明植物园 2010年8月24日，李景秀、胡枭剑、崔卫华、任永权从广西河池凤山袍里野外采集引种（登记号2010-82）。2013年9月5日，李景秀、崔卫华从广西靖西安德野外采集引种（登记号2013-37）。

物候

昆明植物园 8月2～16日初花，盛花期8月29日至9月13日，9月下旬末花；果实成熟期11月中旬至12月下旬；10月20～30日地上部分叶片枯萎休眠，4月初萌芽恢复生长。

迁地栽培要点

属球状茎类型，定植栽培宜浅不宜深，采用富含有机质、透气、排水良好的复合营养基质栽培。植株休眠期避免栽培基质浇水过多造成球状茎腐烂，也应注意控制节水过度导致球状茎失水死亡。

主要用途

室内盆栽观赏。

18
溪头秋海棠

Begonia chitoensis T. S. Liu & M. J. Lai, Fl. Taiwan 3: 793. 1977.

植株

自然分布

分布于台湾南投、溪头，生于海拔500～2000m的林下阴湿山谷或斜坡。中国特有种。

鉴别特征

根状茎，雌花被片、子房及较长翅均呈浅粉红色。

迁地栽培形态特征

多年生常绿草本，株高40～45cm，冠幅30～60cm。

茎 根状茎匍匐粗壮，褐绿色，直径1.5～2.0cm，有时斜升。

叶 叶片轮廓斜卵圆形，长15～20cm、宽10～15cm；叶面绿色，被疏短粗毛。

花 花被片淡粉红色，二歧聚伞花序，着花数8～12朵。雄花直径2.5～3cm，外轮2被片宽卵形，内轮2被片长卵圆形；雌花直径2.2~2.5cm，外轮2被片宽卵形，内轮被片3，长卵形。

果 蒴果长圆形，具不等3翅，较大翅长圆形。

受威胁状况评价

无危（LC）。

引种信息

昆明植物园 2006年3月20日，彭镜毅、李宏哲从台湾鞍马山引种栽培（登记号2006-8）。

物候

昆明植物园 7月16~25日初花，盛花期8月18~30日，9月下旬至10月初末花；果实成熟期11月初至翌年1月。

迁地栽培要点

属根状茎类型，采用富含有机质、透气、排水良好的复合营养基质栽培，切忌过深，以免根状茎腐烂。由于叶片较茂密，栽培基质灌水应从叶下部喷入。

主要用途

室内盆栽观赏。

雌花
雄花
茎生营养繁殖体
盛花植株
幼果

19
崇左秋海棠

Begonia chongzuoensis Y. Liu et S.M. Ku et al., Bot. Stud. 53: 283-290. 2012.

花序

自然分布

分布于广西崇左，生于海拔230m的林下阴湿的石灰岩间或石壁。

鉴别特征

根状茎，叶面褐绿色至褐红色，幼时被白色斑点。

迁地栽培形态特征

多年生常绿草本，株高15~20cm，冠幅15~28cm。

茎 根状茎匍匐较长，近藤蔓状，直径5~8mm，长12~18cm。

叶 叶片轮廓宽卵形，长6.5~13.5cm、宽5~10cm；叶面褐绿色至褐红色，幼时被白色斑点。

花 花被片浅粉红色至白色，二歧聚伞花序，着花数3~6朵。雄花直径1.5~2.5cm，外轮2被片宽卵形，内轮2被片长圆形；雌花直径1~1.5cm，外轮2被片阔卵圆形，内轮被片1，长圆形。

果 蒴果具近等3翅，果翅半圆形。

受威胁状况评价

数据缺乏（DD）。

引种信息

昆明植物园　2010年8月24日，李景秀、胡枭剑、崔卫华、任永权从广西崇左野外采集引种（登记号2010-81）。

物候

昆明植物园　8月2～10日初花，盛花期8月15～27日，9月上旬末花；果实成熟期11月中旬至12月。

迁地栽培要点

属根状茎类型，采用富含有机质、透气、排水良好的复合营养基质栽培，切忌过深，以免根状茎腐烂。由于叶片密集，栽培基质灌水应从叶下部喷入。

主要用途

室内盆栽观赏。

雌花及花序　雄花序　幼株　开花植株

20
卷毛秋海棠

Begonia cirrosa L. B. Smith et D. C. Wasshausen, Phytologia 52: 442. 1983.

花序

自然分布

分布于广西那坡、云南富宁，生于海拔450～1000m的林下阴湿的石壁或灌丛中。中国特有种。

鉴别特征

根状茎，花被片浅桃红色，宽卵形。

迁地栽培形态特征

多年生常绿草本，株高15～30cm，冠幅25～60cm。

茎 根状茎匍匐粗壮，褐紫色，直径1.2～1.8cm，长6～12cm。

叶 叶片轮廓宽卵形或近圆形，长8～15cm、宽5～10cm；叶面深绿色至暗绿色，散生短硬毛。

花 花被片浅桃红色，二歧聚伞花序，着花数8～12朵，单株开花数极多。雄花直径3～3.5cm、外轮2被片宽卵形，内轮2被片长圆形；雌花直径2.5～3cm，外轮2被片宽卵形，内轮被片1，长圆形。

果 蒴果卵形，具近等3翅。

受威胁状况评价

无危（LC）。

引种信息

昆明植物园 2002年6月3日，李宏哲从野外采集引种（登记号2002-1）。

桂林植物园 引种来源不详，引种编号5。

物候

昆明植物园 12月25日至1月15日初花，盛花期2月10~25日，2月下旬末花；果实成熟期4月中旬至5月下旬。

桂林植物园 12月23日花序形成，1月31日初花，2月28日盛花；2月28日幼果，5月12日果实成熟；12月23日新芽萌动，1月5日叶片平展。

上海辰山植物园 2月14日至3月7日盛花，3月17~27日末花。

迁地栽培要点

属根状茎类型，采用富含有机质、透气、排水良好的复合营养基质栽培，切忌过深，以免根状茎腐烂。由于叶片较大、密集，栽培基质灌水应从叶下部喷入。开花期适当增加斜射光照，并增施磷、钾肥，使植株开花数多，花大、色艳。

主要用途

室内盆栽观赏。

雄花 雌花 果实

营养生长植株 盛花植株

21
假侧膜秋海棠

Begonia coelocentroides Y. M. Shui et Z. D. Wei, Acta Phytotax. Sin.45(1):86-89.2007.

开花植株

自然分布

分布于云南南部，生于海拔350～500m的林下阴湿山谷或岩石壁。中国特有种。

鉴别特征

根状茎，叶缘具长短不等浅红色至白色长毛。

迁地栽培形态特征

多年生常绿草本，株高15～25cm，冠幅12～20cm。

茎 根状茎匍匐，褐绿色，直径6～7mm。

叶 叶片轮廓卵形至长卵形，长10～15cm、宽5～7cm；叶面绿色，散生短硬毛，叶缘具长短不等浅红色至白色长毛。

花 花被片白色至浅粉红色，二歧聚伞花序，着花数4～10朵。雄花直径1.5～2.5cm，外轮2被片宽卵形，内轮被片2或3，倒卵形；雌花直径1.2～2.0cm，外轮2被片卵圆形，内轮被片2或3，长卵形。

果 蒴果卵形，具不等3翅，较长翅长三角形。

受威胁状况评价

无危（LC）。

引种信息

昆明植物园 2007年，魏志丹、李宏哲从云南南部野外采集引种。

物候

昆明植物园 8月10～20日初花，盛花期9月8～16日，9月下旬末花；果实成熟期11月上旬至12月下旬。

迁地栽培要点

属根状茎类型，采用富含有机质、透气、排水良好的复合营养基质栽培，切忌过深，以免根状茎腐烂。由于叶片较大，栽培基质灌水应从叶下部喷入。

主要用途

室内盆栽观赏。

雌花

雄花

幼果

叶片及毛被

22
黄连山秋海棠

Begonia coptidimontana C. Y. Wu, Acta Phytotax. Sin. 33: 251. 1995.

初花植株

自然分布

分布于云南绿春、文山老君山等地，生于海拔1750～2200m的常绿阔叶林下阴湿的山谷或溪沟边。中国特有种。

鉴别特征

直立茎，叶片卵状披针形，叶缘重锯齿。

迁地栽培形态特征

多年生常绿草本，株高55～65cm，冠幅35～50cm。

茎 直立茎粗壮，茎高45～60cm，无毛，具匍匐根状茎。

叶 叶片轮廓卵状披针形，长5～12cm、宽1.8～4cm；叶面深绿色，生极疏硬毛。

花 花被片粉红色，二歧聚伞花序，着花数5～8朵。雄花直径1.2～1.8cm，外轮2被片宽卵形，内轮2被片长圆形；雌花直径1.0～1.5cm，外轮2被片宽卵形，内轮被片1，长圆形。

果 蒴果具不等3翅，较大翅镰形。

受威胁状况评价

无危（LC）。

引种信息

昆明植物园 2006年7月11日，李景秀、马宏从云南文山老君山野外采集引种（登记号2006-15）。

物候

昆明植物园 7月2～8日初花，盛花期7月10～25日，8月13日至8月下旬末花；果实成熟期10月中旬至11月下旬。

迁地栽培要点

属直立茎类型，栽培过程中应注意摘心、控制顶端优势，促进侧茎生长，调整株形。采用富含有机质、透气、排水良好的复合营养基质栽培，植株生长发育期适当增施磷、钾肥，使直立茎健壮生长，提高植株的抗倒伏能力。

主要用途

室内盆栽或庭园栽培观赏。

叶背

叶片

花序

23
橙花秋海棠

Begonia crocea C. I. Peng, Bot. Stud. 47: 89. 2006.

花序

自然分布

分布于云南江城嘉禾，生于海拔900～1200m的林下阴湿山谷或溪流旁。中国特有种。

鉴别特征

根状茎，花被片橙黄色。

迁地栽培形态特征

多年生常绿草本，株高35～60cm，冠幅40～65cm。

茎 根状茎匍匐粗壮，褐绿色，直径2～4cm，长8～12cm。

叶 叶片大型，轮廓宽卵形至近圆形，长12～25cm、宽8～15cm；叶面深绿色，疏生短毛。

花 花被片橙黄色，二歧聚伞花序，着花数3～6朵。雄花直径3.5～4.5cm，外轮2被宽卵形，内轮2被片长卵形；雌花直径2.2～2.6cm，外轮2被片宽卵形，内轮被片3，卵状长圆形。

果 蒴果具不等3翅，较大翅长圆形。

受威胁状况评价

无危（LC）。

引种信息

昆明植物园 2007年8月2日，李景秀、李宏哲、季慧从云南江城嘉禾野外采集引种（登记号2007-1）。

物候

昆明植物园 8月8～12日初花，盛花期8月17日至9月10日，9月中旬至10月上旬末花；果实成熟期11月下旬至12月下旬。

迁地栽培要点

属根状茎类型，采用富含有机质、透气、排水良好的复合营养基质栽培，切忌过深，以免根状茎腐烂。由于叶片大型，栽培基质灌水应从叶下部喷入。开花期适当增加斜射光照，并增施磷、钾肥，使植株开花数多，花大、色艳。

主要用途

室内盆栽观赏。

雄花 雌花 盛花植株 果序

24
水晶秋海棠

Begonia crystallina Y. M. Shui & W. H. Chen, Acta Bot. Yunnan. 27: 360. 2005.

开花植株

自然分布

分布于云南麻栗坡，生于海拔600~800m的林下阴湿石灰岩间或石灰岩洞内石壁。中国特有种。

鉴别特征

根状茎，叶片卵圆形至近圆形，具银绿色斑纹。

迁地栽培形态特征

多年生常绿草本，株高15~20cm，冠幅20~40cm。

茎 根状茎匍匐粗壮，直径1.2～2.5cm，长6～10cm。

叶 叶片轮廓卵圆形至近圆形，长12～15cm、宽11～13cm；叶片正面褐绿色，被短疏毛，脉间嵌银绿色条形斑纹或斑点，叶片背面幼时呈紫褐色，密被长柔毛。

花 花被片粉红色，二歧聚伞花序，着花数4～8朵。雄花直径2.5～3cm，外轮2被片卵圆形，内轮2被片长卵形；雌花直径2～2.5cm，外轮2被片宽卵圆形，内轮2被片长卵形。

果 蒴果，具近等3翅，较大翅半圆形。

受威胁状况评价

无危（LC）。

引种信息

昆明植物园 2009年4月6日，李景秀、胡枭剑、杨丽华从云南麻栗坡野外采集引种（登记号2009-43）。

物候

昆明植物园 10月8～20日初花，盛花期10月28日至11月5日，11月10～26日末花；果实成熟期翌年1月中旬至2月下旬。

上海辰山植物园 5月5日花芽出现；4月11日新芽萌动。

迁地栽培要点

属根状茎类型，采用富含有机质、透气、排水良好的复合营养基质栽培，切忌过深，以免根状茎腐烂。由于叶片较大型，栽培基质灌水应从叶下部喷入。开花期适当增加斜射光照，并增施磷、钾肥，使植株开花数多，花大、色艳。

主要用途

室内盆栽观赏。

花序

雄花

25
瓜叶秋海棠

Begonia cucurbitifolia C. Y. Wu, Acta Phytotax. Sin. 33: 268. 1995.

营养生长植株

自然分布

分布于云南河口，生于海拔430m的林下阴湿山谷或石灰岩间。中国特有种。

鉴别特征

根状茎，叶片近圆形，掌状3～4深裂，花被片白色。

迁地栽培形态特征

多年生常绿草本，株高25～40cm，冠幅40～60cm。

茎 根状茎匍匐粗壮，直径1.1～2.3cm，长8～10cm。

叶 叶片轮廓近圆形，长宽近等，约14～16cm，掌状3～4深裂；叶面深绿色，无毛，厚革质。

花 花被片白色，二歧聚伞花序，着花数2～4朵。雄花直径4.0～4.5cm，外轮2被片长圆形，内轮2被片倒卵状长圆形；雌花直径2.2～2.5cm，外轮2被片宽卵形，内轮被片3，倒卵状长圆形。

果 蒴果具不等3翅，较大翅半圆形。

受威胁状况评价

无危（LC）。

引种信息

昆明植物园 1999年，田代科从云南河口野外采集引种（登记号1999-1）。2009年3月28日，李景秀、胡枭剑、杨丽华从云南河口野外采集引种（登记号2009-40）。

物候

昆明植物园 1月20～29日初花，盛花期2月20～26日，3月上旬末花；果实成熟期4月中旬至5月下旬。

迁地栽培要点

属根状茎类型，采用富含有机质、透气、排水良好的复合营养基质栽培，切忌过深，以免根状茎腐烂。由于叶片数多较密集，栽培基质灌水应从叶下部喷入。

主要用途

室内盆栽观赏。

雄花　幼果　雌花　叶片

26
弯果秋海棠

Begonia curvicarpa S. M. Ku et al., Bot. Bull. Acad. Sin.45: 353. 2004.

保存植株初花

自然分布

分布于广西永福，生于海拔300m的林下阴湿石灰岩间或石壁。中国特有种。

鉴别特征

根状茎，果实或子房弯曲。

迁地栽培形态特征

多年生常绿草本，株高15～30cm，冠幅25～40cm。

茎 根状茎匍匐近藤蔓状，紫褐色，直径0.8～1.5cm，长10～35cm。

叶 叶片轮廓长卵形，长4～15cm、宽3～12cm；叶面绿色至褐绿色，被疏短柔毛。

花 花被片浅粉红色，二歧聚伞花序，着花数5～8朵，果实或子房弯曲。雄花直径2～3.5cm，外轮2被片宽卵形，内轮2被片长卵形；雌花直径1.8～3.5cm，外轮2被片阔卵形，内轮2被片长倒卵形。

果 蒴果弯曲，具不等3翅，较大翅半圆形。

受威胁状况评价

近危（NT）。

引种信息

昆明植物园 2010年8月24日，李景秀、胡枭剑、崔卫华、任永权从广西永福野外采集引种（登记号2010-80）。2013年8月29日，李景秀、崔卫华从中国科学院广西植物研究所引种栽培（登记号2013-27）。

桂林植物园 引自广西永福，引种编号6。

物候

昆明植物园 5月21～30日初花，盛花期6月10～28日，7月上旬末花；果实成熟期8月中旬至10月上旬。

桂林植物园 8月23日初花，9月14日盛花，10月18日末花；11月26日至12月23日果实成熟；12月23日新芽萌动，翌年1月12日叶片平展。

上海辰山植物园 11月3日花芽出现，初花。

迁地栽培要点

属根状茎类型，采用富含有机质、透气、排水良好的复合营养基质栽培，切忌过深，以免根状茎腐烂。由于叶片较密集，栽培基质灌水应从叶下部喷入。开花期适当增加斜射光照，并增施磷、钾肥，使植株开花数多，花大、色艳。

主要用途

室内盆栽观赏。

花序及雄花

雌花

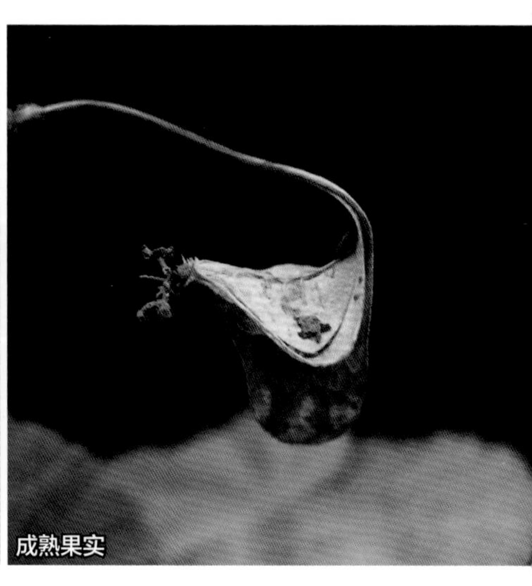
成熟果实

27
柱果秋海棠

Begonia cylindrica D. R. Liang & X. X. Chen, Bull. Bot. Res., Harbin 13: 217. 1993.

自然分布

分布于广西龙州，生于海拔150m的林下阴湿山谷或石灰岩石壁。中国特有种。

鉴别特征

根状茎，叶片盾状着生，子房或果实柱状。

迁地栽培形态特征

多年生常绿草本，株高10~20cm，冠幅15~30cm。

茎 根状茎匍匐，褐紫色，直径5~10mm，长6~12cm。

叶 叶片轮廓宽卵形或近圆形，长5~8cm、宽4~7cm，叶片盾状着生；叶面褐绿色，密被蜂窝状突起。

花 花被片粉红色至橘红色，二歧聚伞花序，着花数8~12朵，单株开花数较多。雄花直径1.6~2.2cm，外轮2被片扁圆形，内轮2被片狭长圆形；雌花直径1.2~1.5cm，花被片2、有时3，倒卵圆形。

果 蒴果柱状，直径3~5mm，长2.5~3.0cm。

受威胁状况评价

无危（LC）。

引种信息

昆明植物园 2002年6月3日，李宏哲从广西龙州野外采集引种（登记号2002-2）。

物候

昆明植物园 5月20~26日初花，盛花期8月5~25日，9月上旬末花；果实成熟期9月上旬至12月中旬。

迁地栽培要点

属根状茎类型，采用富含有机质、透气、排水良好的复合营养基质栽培，切忌过深，以免根状茎腐烂。由于叶片较密集，栽培基质灌水应从叶下部喷入。开花期适当增加斜射光照，并增施磷、钾肥，使植株开花数多，花大、色艳。

主要用途

室内盆栽观赏。

叶片背面

花序

雄花

雌花

盛花植株

初花植株

28
大围山秋海棠

Begonia daweishanensis S. H. Huang & Y. M. Shui, Acta Bot. Yunnan. 16: 337. 1994.

初花植株

自然分布

分布于云南屏边大围山，生于海拔1420~1750m的常绿阔叶林下阴湿山谷、路边土坎或石灰岩间。中国特有种。

鉴别特征

根状茎，叶片卵圆形，叶面亮绿色无毛。

迁地栽培形态特征

多年生常绿草本，株高20~35cm，冠幅25~55cm。

茎 根状茎匍匐，褐绿色，直径0.8~1.2cm，长6~12cm。

叶 叶片轮廓斜卵形或卵圆形，近全缘，长8～12cm、宽7～10cm；叶面亮绿色，无毛。

花 花被片粉红色至桃红色，二歧聚伞花序，着花数3～6朵。雄花直径3.5～4.0cm，外轮2被片宽卵形，内轮2被片长圆形；雌花直径3.2～4.0cm，外轮2被片宽卵形，内轮被片3，长圆形。

果 蒴果倒卵形，具不等3翅，较大翅舌状。

受威胁状况评价

无危（LC）。

引种信息

昆明植物园 1997年12月8日，田代科从云南屏边大围山野外采集引种（登记号1997-6）。2009年3月30日，李景秀、胡枭剑、杨丽华从云南河口瑶山梁子野外采集引种（登记号2009-65）。2013年3月5日，鲁元学、中田政司、志内利明从云南屏边大围山野外采集引种（登记号2013-2）。

物候

昆明植物园 11月2～8日初花，盛花期11月11～30日，12月下旬末花；果实成熟期2月中旬至3月下旬。

迁地栽培要点

属根状茎类型，采用富含有机质、透气、排水良好的复合营养基质栽培，切忌过深，以免根状茎腐烂。由于叶片数多、密集，栽培基质灌水应从叶下部喷入。开花期适当增加斜射光照，并增施磷、钾肥，使植株开花数多，花大、色艳。

主要用途

室内盆栽观赏。

盛花植株 叶片背面 幼果 雄花 雌花

29
大新秋海棠

Begonia daxinensis T. C. Ku, Acta Phytotax. Sin. 35: 45. 1997.

开花植株

自然分布

分布于广西大新、隆安，生于海拔300m的林下阴湿山谷或石壁。中国特有种。

鉴别特征

根状茎，叶面具银绿色环状斑纹。

迁地栽培形态特征

多年生常绿草本，株高20～34cm，冠幅35～50cm。

茎 根状茎匍匐延伸，紫褐色，直径1.2～1.8cm，长8～30cm。

叶 叶片轮廓长卵圆形或宽卵形，长10～20cm、宽10～15cm；叶面褐绿色，嵌银绿色环状斑纹。

花 花被片浅粉红色、二歧聚伞花序，着花数3～6朵。雄花直径3～4.5cm，外轮2被片长卵形至阔卵形，内轮2被片狭倒卵形；雌花直径2.5～4cm，外轮2被片阔卵形至卵圆形，内轮被片2、有时1，倒卵形。

果 蒴果，具近等3翅，半圆形。

受威胁状况评价

近危（NT）。

引种信息

昆明植物园 2008年8月18日，李宏哲、胡枭剑、杨丽华从广西天等把荷野外采集引种（登记号2008-60）。

桂林植物园 引种来源不详，引种编号7。

物候

昆明植物园 8月8~23日初花，盛花期9月11~28日，10月上旬末花；果实成熟期11月上旬至12月下旬。

桂林植物园 1月15日花序形成，2月15日初花，3月13日盛花；12月23日新芽萌动，1月10日叶片平展。

迁地栽培要点

属根状茎类型，采用富含有机质、透气、排水良好的复合营养基质栽培，切忌过深，以免根状茎腐烂。由于叶片较大型，栽培基质灌水应从叶下部喷入。开花期适当增加斜射光照，并增施磷、钾肥，使植株开花数多，花大、色艳。

主要用途

室内盆栽观赏。

保存植株　叶片斑纹　茎形态

30
德保秋海棠

Begonia debaoensis C. I. Peng et al., Bot. Stud. 47: 207. 2006.

盛花植株

自然分布

分布于广西德保，生于海拔600m的林下阴湿石灰岩石壁。中国特有种。

鉴别特征

根状茎，叶面褐绿色，有的具银白色斑纹。

迁地栽培形态特征

多年生常绿草本，株高15~25cm，冠幅20~30cm。

茎 根状茎匍匐，褐绿色，直径5~8mm，长6~15cm。

叶 叶片轮廓卵圆形或近圆形，长6~12cm、宽5~8cm；叶面褐绿色，散生疏短毛，有的叶面具银白色斑纹。

花 花被片粉红色至桃红色，二歧聚散花序，着花数3～8朵。雄花直径2～2.5cm，外轮2被片卵圆形至扁圆形，内轮2被片长椭圆形；雌花直径1.5～2cm，外轮2被片扁圆形，内轮被片1，倒卵圆形。

果 蒴果，具近等3翅，较大翅镰状。

受威胁状况评价

易危（VU）。

引种信息

昆明植物园 2008年8月18日，李宏哲、胡枭剑、杨丽华从广西德保兴旺野外采集引种（登记号2008-41）。

桂林植物园 引自广西德保，引种编号8。

物候

昆明植物园 10月2～12日初花，盛花期10月16～30日，11月中旬末花；果实成熟期翌年1月中旬至2月下旬。

桂林植物园 12月5日花序形成，12月23日初花，翌年2月28日盛花；3月13日幼果；1月8日新芽萌动，2月15日叶片平展。

迁地栽培要点

属根状茎类型，采用富含有机质、透气、排水良好的复合营养基质栽培，切忌过深，以免根状茎腐烂。由于叶片匐地、较密，栽培基质灌水应从叶下部喷入。开花期适当增加斜射光照，并增施磷、钾肥，使植株开花数多，花大、色艳。

主要用途

室内盆栽观赏。

雄花　雌花　子房

31
德天秋海棠

Begonia detianensis S. M. Ku et al., nom. nud.

初花植株

自然分布

分布于广西大新硕龙、隆安，生于海拔390m的林下阴湿石壁或石灰岩洞内。

鉴别特征

根状茎，脉间嵌银绿色斑纹。

迁地栽培形态特征

多年生常绿草本，株高15～20cm，冠幅15～22cm。

茎 根状茎匍匐，紫褐色，直径5～6mm，长8～10cm。

叶 叶片轮廓卵圆形或近圆形，长7.5～12cm、宽7～10cm；叶面绿色至褐绿色，有的脉间嵌银绿色斑纹。

花 花被片浅粉红色，二歧聚伞花序，着花数3～6朵。雄花直径2～3cm，外轮2被片卵状椭圆形，内轮2被片倒卵形；雌花直径1.5～2cm，外轮2被片扁圆形，内轮被片1，倒卵形。

果 蒴果，具近等3翅，镰状。

受威胁状况评价

数据缺乏（DD）。

引种信息

昆明植物园 2010年2月27日，中田政司、兼本正、鲁元学、胡枭剑从广西大新野外采集引种（登记号2010-10）。

物候

昆明植物园 5月2～15日初花，盛花期5月24～31日，6月中旬末花；果实成熟期8月下旬至9月下旬。

迁地栽培要点

属根状茎类型，采用富含有机质、透气、排水良好的复合营养基质栽培，切忌过深，以免根状茎腐烂。由于叶片较密，栽培基质灌水应从叶下部喷入。

主要用途

室内盆栽观赏。

花序

结实植株

32
厚叶秋海棠

Begonia dryadis Irmscher, Notes Roy. Bot. Gard. Edinburgh 21: 41. 1951.

初花植株

自然分布

分布于云南景洪、勐腊、澜沧，生于海拔1100～1400m的林下或林缘阴湿的山谷、溪沟边或石灰岩间。

鉴别特征

根状茎，叶片宽卵形，暗绿色无毛。

迁地栽培形态特征

多年生常绿草本，株高30～45cm，冠幅40～65cm。

茎 根状茎匍匐粗壮，紫褐色，直径2.5～3.5cm，长10～12cm。

叶 叶片轮廓宽卵形，长7～12cm、宽5.5～11cm；叶面暗绿色，无毛。

花 花被片桃红色，二歧聚伞花序，着花数3～5朵。雄花直径2.0～2.5cm，外轮2被片卵形，内轮2被片倒卵形；雌花直径2.2～2.6cm，外轮2被片倒卵状长圆形，内轮被片3，长圆形。

果 蒴果具不等3翅，较大翅舌状。

受威胁状况评价

数据缺乏（DD）。

引种信息

昆明植物园 1996年5月，管开云、陶国达从云南西双版纳野外采集引种（登记号1996-3）。2007年8月2日，李景秀、李宏哲、季慧从云南西双版纳勐腊野外采集引种（登记号2007-7）。

物候

昆明植物园 7月16～28日初花，盛花期8月5～31日，9月6～28日末花；果实成熟期10月下旬至12月中旬。

迁地栽培要点

属根状茎类型，采用富含有机质、透气、排水良好的复合营养基质栽培，切忌过深，以免根状茎腐烂。由于叶片较大型，栽培基质灌水应从叶下部喷入。

主要用途

室内盆栽或庭园栽培观赏。

末花植株

雄花

雌花

33
川边秋海棠

Begonia duclouxii Gagnepain, Bull. Mus. Natl. Hist. Nat. 25: 198. 1919.

初花植株

自然分布

分布于云南大关、绥江、盐津，四川峨眉，生于海拔1000～1400m的林下阴湿山谷，以及石灰岩洞内阴湿石壁上。中国特有种。

鉴别特征

根状茎，叶面褐绿色，被短刚毛。

迁地栽培形态特征

多年生常绿草本，株高20～30cm，冠幅50～60cm。

茎 根状茎匍匐，紫褐色，直径6～8mm，长6～12cm。

叶 叶片轮廓斜卵形，长4～8cm、宽3～5cm；叶面褐绿色，被短刚毛。

花 花被片桃红色或白色，二歧聚伞花序，着花数6～10朵，单株开花数极多，数十至上百朵。雄花直径2.0～2.5cm，外轮2被片宽卵形，内轮2被片倒卵状长圆形；雌花直径1.2～1.8cm，外轮2被片宽卵形，内轮被片3，广椭圆形。

果 蒴果具不等3翅，较大翅长圆形。

受威胁状况评价

数据缺乏（DD）。

引种信息

昆明植物园 2001年9月19日，孔繁才从云南盐津野外采集引种（登记号2001-5）。2006年12月21日，沈云光、李宏哲从云南盐津野外采集引种（登记号2006-22）。

物候

昆明植物园 4月20～28日初花，盛花期5月10日至6月5日，6月下旬末花；果实成熟期8月上旬至9月中旬。

迁地栽培要点

属根状茎类型，采用富含有机质、透气、排水良好的复合营养基质栽培，切忌过深，以免根状茎腐烂。由于叶片数多、密集，栽培基质灌水应从叶下部喷入。开花期适当增加斜射光照，并增施磷、钾肥，使植株开花数多，花大、色艳。

主要用途

室内盆栽观赏。

盛花植株

雄花

雌花

34
峨眉秋海棠

Begonia emeiensis C. M. Hu ex C. Y. Wu & T. C. Ku, Acta Phytotax. Sin. 33: 273. 1995.

自然分布

分布于四川峨眉，生于海拔900～950m的林下阴湿溪沟边或灌丛中。中国特有种。

鉴别特征

根状茎，叶缘波状浅裂，花被片白色。

迁地栽培形态特征

多年生常绿草本，株高35～55cm，冠幅40～75cm。

茎 根状茎匍匐粗壮，略斜升，直径1.5～2.0cm，长9～10cm。

叶 叶片轮廓卵状长圆形，长12～14cm、宽11～13cm，叶缘波状浅裂；叶片深绿色或褐绿色，近无毛或散生短硬毛。

花 花被片白色或浅粉红色，二歧聚伞花序，着花数3～6朵。雄花直径3.5～4.0cm，外轮2被片卵状长圆形，内轮2被片长圆形；雌花直径2.5～3.0cm，外轮2被片阔倒卵形，内轮被片3、有时4，倒卵状披针形。

果 蒴果具不等3翅，较大翅长圆形。

受威胁状况评价

无危（LC）。

引种信息

昆明植物园 2002年5月3日，向建英从四川峨眉野外采集引种（登记号2002-2）。

物候

昆明植物园 7月17～25日初花，盛花期8月9～22日，8月下旬末花；果实成熟期10月中旬至11月下旬。

迁地栽培要点

属根状茎类型，采用富含有机质、透气、排水良好的复合营养基质栽培，切忌过深，以免根状茎腐烂。由于叶片较大型、密集，栽培基质灌水应从叶下部喷入。

主要用途

室内盆栽观赏。

开花植株

雄花和雌花

子房

35
方氏秋海棠

Begonia fangii Y. M. Shui & C. I. Peng, Bot. Bull. Acad. Sin. 46: 83. 2005.

盛花植株

自然分布

分布于广西龙州，生于海拔250～700m的林下阴湿石灰岩石壁或岩间。

鉴别特征

根状茎，掌状复叶，背面紫红色。

迁地栽培形态特征

多年生常绿草本，株高20～35cm，冠幅25～55cm。

茎 根状茎匍匐或半直立，褐紫色，直径0.8～1.2cm，长10～40cm。

叶 掌状复叶，小叶片4～7片，披针形，长5～12cm、宽1.5～2.5cm；叶片正面褐绿色，背面呈鲜艳的紫红色。

花 花被片浅桃红色，二歧聚伞花序，着花数6～10朵，单株开花数较多。雄花直径3～3.5cm，外轮2被片卵圆形，内轮2被片长椭圆形；雌花直径2.5～3cm，外轮2被片扁圆形，内轮被片1，倒卵形。

果 蒴果，具近等3翅，镰状。

受威胁状况评价

无危（LC）。

引种信息

昆明植物园 2005年，税玉民从广西野外采集引种（登记号2005-24）。2010年8月24日，李景秀、胡枭剑、崔卫华、任永权从广西龙州野外采集引种（登记号2010-74）。2013年8月29日，李景秀、崔卫华从中国科学院广西植物研究所引种栽培（登记号2013-42）。

桂林植物园 引自广西龙州，引种编号10。

物候

昆明植物园 3月8～20日初花，盛花期4月10～25日，5月中旬末花；果实成熟期6月中旬至8月中旬。

桂林植物园 1月31日花序形成，2月16日初花，2月28日盛花，6月12日果实成熟；翌年1月5日新芽萌动，1月10日叶片平展。

上海辰山植物园 2月14日初花，2月28日盛花，3月7日末花、幼果。

迁地栽培要点

属根状茎类型，采用富含有机质、透气、排水良好的复合营养基质栽培，切忌过深，以免根状茎腐烂。由于叶片较密集，栽培基质灌水应从叶下部喷入。开花期适当增加斜射光照，并增施磷、钾肥，使植株开花数多，花大、色艳。

主要用途

室内盆栽观赏。

初花植株

雌花

雄花

幼果

36
兰屿秋海棠

Begonia fenicis Merrill, Philipp. J. Sci. 3: 421. 1909.

开花植株

自然分布

分布于台湾兰屿，生于海拔700m的杂木林下阴湿山谷。

鉴别特征

根状茎，叶片卵圆形，无毛，被小圆突起。

迁地栽培形态特征

多年生常绿草本，株高15～25cm，冠幅25～40cm。

茎 根状茎匍匐，褐绿色，直径8～10mm，长6～9cm。

叶 叶片轮廓卵圆形或近圆形，长8～10cm、宽5.5～7.5cm；叶面深绿色光滑，无毛，被小圆突起。

花 花被片白色至粉红色，二歧聚伞花序着花数8～10朵。雄花直径2～2.5cm，外轮2被片扁圆形，内轮2被片椭圆形；雌花直径1.5～2.2cm，外轮2被片扁圆形，内轮被片2，长椭圆形。

果 蒴果卵圆形，具不等3翅，较大翅半圆形。

受威胁状况评价

无危（LC）。

引种信息

昆明植物园 2001年，彭镜毅从台湾中央研究院生物多样性研究中心引种栽培（登记号2001-6）。2009年9月11日，中田政司从日本富山中央植物园引种栽培（登记号2009-217、2009-218）。

物候

昆明植物园 8月6~18日初花，盛花期9月20日至10月12日，10月中旬末花；果实成熟期11月下旬至翌年1月下旬。

上海辰山植物园 1月18日初花，2月14日至3月17日盛花，3月27日至5月5日末花。

迁地栽培要点

属根状茎类型，采用富含有机质、透气、排水良好的复合营养基质栽培，切忌过深，以免根状茎腐烂。由于叶片较密集，栽培基质灌水应从叶下部喷入。开花期适当增加斜射光照，并增施磷、钾肥，使植株开花数多，花大、色艳。

主要用途

室内盆栽观赏。

花序

37
丝形秋海棠

Begonia filiformis Irmscher, Mitt. Inst. Allg. Bot. Hamburg 10: 521. 1939.

开花植株

自然分布

分布于广西龙州、德保、隆安等地，生于海拔130m的林下阴湿石灰岩石壁。中国特有种。

鉴别特征

根状茎，花被片绿色至黄绿色。

迁地栽培形态特征

多年生常绿草本，株高20～25cm，冠幅22～26cm。

茎 根状茎匍匐粗壮，紫褐色，直径7～10mm，长8～12cm。

叶 叶片轮廓宽卵形或近圆形，长9～12cm、宽8～9cm；叶面暗褐色，脉间嵌银白色斑纹，叶柄和叶片密被短柔毛。

花 花被片绿色至黄绿色，二歧聚伞花序，着花数4～12朵。雄花直径1.5～2.5cm，外轮2被片长卵形，内轮2被片长圆形；雌花直径1.5～2.0cm，外轮2被片宽卵形，内轮被片1，长圆形。

果 蒴果具不等3翅，较大翅舌状。

受威胁状况评价

近危（NT）。

引种信息

昆明植物园 2002年6月3日，李宏哲从广西隆安野外采集引种（登记号2002-3）。2008年8月18日，李宏哲、胡枭剑、杨丽华，从广西隆安野外采集引种（登记号2008-38）。

物候

昆明植物园 4月2～10日初花，盛花期4月14日至5月14日，5月下旬末花；果实成熟期7月中旬至8月下旬。

上海辰山植物园 2月14日花芽出现，2月28日初花，3月7～17日盛花。

迁地栽培要点

属根状茎类型，采用富含有机质、透气、排水良好的复合营养基质栽培，切忌过深，以免根状茎腐烂。由于叶片较密集，栽培基质灌水应从叶下部喷入。开花期适当增加斜射光照，并增施磷、钾肥，使植株开花数多，色艳。

主要用途

室内盆栽观赏。

雄花

雌花

子房

38
紫背天葵

Begonia fimbristipula Hance, J. Bot. 21: 202. 1883.

自然分布

分布于广东从化、鼎湖山，江西，海南陵水，福建等地；生于海拔700～1120m的林下阴湿悬崖缝或石壁。中国特有种。

鉴别特征

球状茎，叶面紫褐色，有时具银白色斑纹。

迁地栽培形态特征

多年生草本，株高12～18cm。具球状地下茎，冬季地上部分枯萎休眠。

茎 地下茎球状，直径8～10mm，着生多条纤维状根。

叶 叶片轮廓宽卵形，长6～13cm、宽4.8～8.5cm；叶面淡绿色或紫褐色，散生短毛，有时具银白色斑纹。

花 花被片粉红色，二歧聚伞花序，着花数10～15朵。雄花直径2.2～2.5cm，外轮2被片宽卵形，内轮2被片长圆形；雌花直径1.2～2.2cm，外轮2被片宽卵形，内轮被片1，倒卵形。

果 蒴果具不等3翅，较大翅近舌状。

受威胁状况评价

无危（LC）。

引种信息

昆明植物园 2011年7月31日，李景秀、崔卫华从海南野外采集引种（登记号2011-9）。2013年3月25日，李景秀从福建南平野外采集引种（登记号2013-11）。

物候

昆明植物园 5月2～10日初花，盛花期5月12～28日，6月中旬末花；果实成熟期8月下旬至9月下旬。10月中旬地上部分叶片枯萎休眠，3月下旬开始萌芽恢复生长。

上海辰山植物园 3月13日花芽出现，新芽萌动。

迁地栽培要点

属球状茎类型，定植栽培宜浅不宜深，采用富含有机质、透气、排水良好的复合营养基质栽培。植株休眠期避免栽培基质浇水过多造成球状茎腐烂，也应注意控制节水过度导致球状茎失水死亡。开花期增施磷、钾肥，植株开花整齐数多，花大、色艳。

主要用途

室内盆栽观赏，也可风干作为保健茶等饮品。全草入药治清热解毒等。

叶背

开花植株

39
乳黄秋海棠

Begonia flaviflora var. ***vivida*** Golding & Karegeannes, Phytologia 54: 496. 1984.

开花植株

自然分布

分布于云南贡山、碧江、腾冲、龙陵等地，生于海拔1590～2300m的林下阴湿石壁或土坎。

鉴别特征

直立茎，花被片乳黄色。

迁地栽培形态特征

多年生常绿草本，株高35～40cm，冠幅40～50cm。

茎 直立茎粗壮，茎高25～30cm，被短柔毛，具匍匐根状茎。

叶 叶片轮廓斜卵形，长10～22cm、宽8～18cm；叶面紫褐色，被褐色短柔毛，具间断的银绿色环状斑纹。

花 花被片乳黄色，二歧聚伞花序，着花数3～6朵。雄花直径2.0～2.5cm，外轮2被片宽卵形，内轮2被片长圆形；雌花直径1.3～2.0cm，外轮2被片阔倒卵形，内轮2被片卵圆形。

果 蒴果具不等3翅，较大翅长圆形。

受威胁状况评价

数据缺乏（DD）。

引种信息

昆明植物园 2011年8月17日，彭镜毅等从云南腾冲野外采集引种（登记号2011-17）。2015年，张伟、崔卫华从云南保山龙陵野外采集引种（登记号2015-5）。

物候

昆明植物园 7月3～8日初花，盛花期7月16～28日，8月上旬末花。腾冲引种植株（登记号2011-17）开花但未能正常结实，龙陵引种植株（登记号2015-5）未存活。

迁地栽培要点

属直立茎类型，栽培过程中应注意摘心、控制顶端优势，促进侧茎生长，调整株形。采用富含有机质、透气、排水良好的复合营养基质栽培，植株生长发育期适当增施磷、钾肥，使直立茎健壮生长，提高植株的抗倒伏能力。

主要用途

室内盆栽或庭园栽培观赏。

雌雄花

子房

40
水鸭脚

Begonia formosana (Hayata) Masamune, J. Geobot. 9(3–4): frontis. pl. 41. 1961.

自然分布

分布于台湾宜兰、桃园、新竹、高雄、屏东、台北等地，生于海拔700～900m的林下阴湿山谷或阴坡潮湿地。

鉴别特征

根状茎，叶片斜卵形，掌状浅裂，光滑无毛。

迁地栽培形态特征

多年生常绿草本，株高20～50cm，冠幅35～60cm。

茎 根状茎匍匐斜升，褐绿色，直径1.3～2.0cm，长9～14cm。

叶 叶片轮廓斜卵形，长6～8cm、宽4～5cm，掌状浅裂；叶面深绿色，光滑无毛。

花 花被片浅粉红色至白色，二歧聚伞花序，着花数2～4朵。雄花直径2.8～4.2cm，外轮2被片阔倒卵形，内轮2被片倒卵形；雌花直径2.2～2.6cm，外轮2被片宽卵形，内轮被片3，长圆形。

果 蒴果具不等3翅，较大翅三角形。

受威胁状况评价

无危（LC）。

引种信息

昆明植物园　1999年从日本富山中央植物园引种栽培（登记号1999-2）。2006年3月20日，彭镜毅、李宏哲从台湾引种栽培（登记号2006-7）。2018年5月28日，李景秀从台湾野外采集引种（登记号2018-1）。

物候

昆明植物园　7月8～26日初花，盛花期8月15～30日，9月中旬末花；果实成熟期10月中旬至12月中旬。

迁地栽培要点

属根状茎类型，采用富含有机质、透气、排水良好的复合营养基质栽培，切忌过深，以免根状茎腐烂。由于叶片较大型，栽培基质灌水应从叶下部喷入。开花期适当增加斜射光照，并增施磷、钾肥，使植株开花数多，花大、色艳。

主要用途

室内盆栽观赏。

雄花
雌花
幼果
盛花植株
初花植株

41
白斑水鸭脚

Begonia formosana f. ***albomaculata*** Liu et Lai in F1. Taiwan 3: 795. 1979.

初花植株

自然分布

分布于台湾北部乌来等地，生于海拔700～900m的林下阴湿山谷或阴坡潮湿地。

鉴别特征

根状茎，叶片斜卵形，水鸭掌状浅裂，整体被银白色斑纹。

迁地栽培形态特征

多年生常绿草本，株高20～45cm，冠幅30～60cm。

茎 根状茎伸长，褐紫色，直径1.2～1.8cm，长10～13cm。

叶 叶片轮廓斜卵形，长6～10cm、宽4～5cm，水鸭掌状浅裂；叶面深绿色，近无毛，整体被银白色斑纹，叶柄紫红色。

花 花被片浅粉红色，二歧聚伞花序，着花数2～4朵。雄花直径2.0～2.5cm，外轮2被片阔卵圆形，内轮2被片倒卵形；雌花直径1.8～2.2cm，外轮2被片宽卵形，内轮被片3，长圆形。

果 蒴果具不等3翅，较大翅长圆形。

受威胁状况评价

数据缺乏（DD）。

引种信息

昆明植物园 2006年3月20日，彭镜毅、李宏哲从台湾福山植物园引种栽培（登记号2006-5）。

物候

昆明植物园 7月2～25日初花，盛花期8月10～30日，9月中旬末花；果实成熟期10月中旬至12月中旬。

迁地栽培要点

属根状茎类型，采用富含有机质、透气、排水良好的复合营养基质栽培，切忌过深，以免根状茎腐烂。由于叶片数多、密集，栽培基质灌水应从叶下部喷入。开花期适当增加斜射光照，并增施磷、钾肥，使植株开花数多，花大、色艳。

主要用途

室内盆栽观赏。

雌花

叶片斑纹

42
陇川秋海棠

Begonia forrestii Irmscher, Mitt. Inst. Allg. Bot. Hamburg 10: 548. 1939.

自然分布

分布于云南腾冲高黎贡山、盈江、陇川，生于海拔1200～3000m的林下阴湿山谷或石灰岩石壁。中国特有种。

鉴别特征

根状茎，幼叶和叶柄密被紫红色卷曲长柔毛。

迁地栽培形态特征

多年生常绿草本，株高8～12cm，冠幅6～8cm。

茎 根状茎匍匐，紫褐色，直径6～8mm，长5～7cm。

叶 叶片轮廓宽卵形或近圆形，长7～14cm，宽6～13cm。叶片正面暗绿色，疏被柔毛；叶片背面淡绿色，沿叶脉以及幼叶和叶柄密被紫红色卷曲长柔毛。

花 花被片粉红色至桃红色，二歧聚伞花序，着花数4～6朵，单株开花数较多。雄花直径3.5～4.8cm，外轮2被片宽卵形，内轮2被片倒卵形；雌花直径3.0～3.5cm，外轮2被片宽卵形，内轮被片3，倒卵形。

果 蒴果倒卵形，具不等3翅，较大翅半圆形。

受威胁状况评价

近危（NT）。

引种信息

昆明植物园 1997年从云南腾冲高黎贡山野外采集引种（登记号1997-8）。

物候

昆明植物园 11月6～18日初花，盛花期12月2～30日，1月初末花；果实成熟期2月中旬至3月下旬。

迁地栽培要点

属根状茎类型，采用富含有机质、透气、排水良好的复合营养基质栽培，切忌过深，以免根状茎腐烂。由于生长茂盛植株叶片较大，栽培基质灌水应从叶下部喷入。开花期适当增加斜射光照，并增施磷、钾肥，使植株开花数多，花大、色艳。

主要用途

室内盆栽观赏。

叶背

43
巨苞秋海棠

Begonia gigabracteata H. Z. Li & H. Ma, Bot. J. Linn. Soc. 157: 83–90. 2008.

盛花植株

自然分布

分布于广西，生于海拔780m的林下阴湿石壁或土坎。中国特有种。

鉴别特征

球状茎，花苞片大，白色。

迁地栽培形态特征

多年生草本，株高10～15cm。具球状地下茎，冬季地上部分枯萎休眠。

茎 地下茎球状，直径1.2～1.6cm，着生多数须根。

叶 叶片轮廓长卵圆形，长7～10cm、宽4～8cm；叶面绿色，光滑无毛。

花 花被片粉红色，二歧聚伞花序，着花数2～3朵，苞片白色。雄花直径1.2～1.8cm，外轮2被片宽卵形，内轮2被片狭长圆形；雌花直径1.0～1.5cm，外轮2被片宽卵圆形，内轮被片3，长椭圆形。

果 蒴果具不等3翅，较大翅三角形。

受威胁状况评价

无危（LC）。

引种信息

昆明植物园 2003年8月27日，李宏哲从广西野外采集引种（登记号2003-6）。

物候

昆明植物园 8月5～16日初花，盛花期8月23日至9月8日，9月中旬末花；果实成熟期11月中旬至12月上旬。11月下旬地上部分枯萎，植株进入休眠期，翌年4月中旬萌芽恢复生长。

上海辰山植物园 10月26日初花，11月3日盛花。

迁地栽培要点

属球状茎类型，定植栽培宜浅不宜深，采用富含有机质、透气、排水良好的复合营养基质栽培。植株休眠期避免栽培基质浇水过多造成球状茎腐烂，也应注意控制节水过度导致球状茎失水死亡。开花期增施磷、钾肥，植株开花整齐数多，花大、色艳。

主要用途

室内盆栽观赏。

叶背

苞片

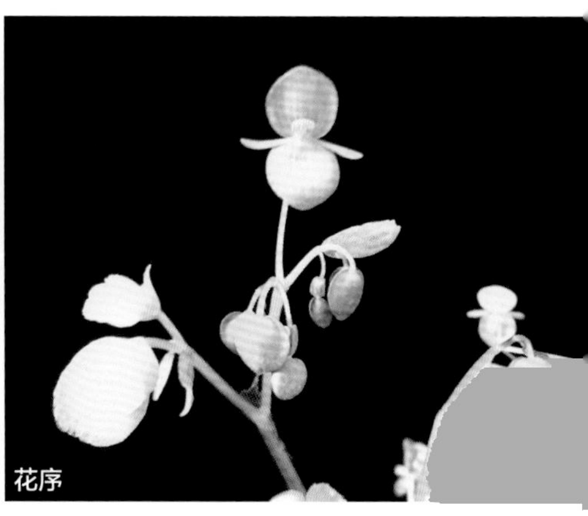

花序

44
中华秋海棠

Begonia grandis subsp. ***sinensis*** (A. Candolle) Irmscher, Mitt. Inst. Allg. Bot. Hamburg 10: 494. 1939.

植株

自然分布

分布于河北、河南、山东、贵州、湖南、福建等地，生于海拔1000～1100m的密林内阴湿石壁或溪边岩石，以及林下阴湿山谷或灌丛中。中国特有种。

鉴别特征

球状茎，叶面褐绿色常有红晕，子房或果实较大翅三角形。

迁地栽培形态特征

多年生草本，株高40～60cm。具球状地下茎，冬季地上部分枯萎休眠。

茎 地下茎球状，直径2~4.5cm，着生多条须根。具直立地上茎，褐绿色，无毛，茎高25~50cm。

叶 叶片轮廓宽卵形，长10~18cm、宽7~14cm；叶面褐绿色常有红晕，幼时散生硬毛。

花 花被片桃红色，二歧聚伞花序，着花数极多，25至数十朵。雄花直径2.2~2.5cm，外轮2被片宽卵形，内轮2被片倒卵状长圆形；雌花直径2~2.2cm，外轮2被片近圆形或扁圆形，内轮被片1，倒卵形。

果 蒴果具不等3翅，较大翅三角形。

受威胁状况评价

无危（LC）。

引种信息

昆明植物园 1998年7月20日，田代科从湖南张家界野外采集引种（登记号1998-6）。2013年3月24日，李景秀从福建邵武将石自然保护区野外采集引种（登记号2013-10）。2016年7月15日，李景秀、李云驹、孔繁才从河南修武云台山、登封少林寺嵩山野外采集引种（登记号2016-28、2016-29）。2015年2月16日，郑丽慧、李景秀从湖北恩施神农架野外采集引种（登记号2015-2）。

桂林植物园 引种来源不详，引种编号12。

物候

昆明植物园 7月10~28日初花，盛花期8月3~20日，9月中旬末花；果实成熟期10月中旬至11月下旬。11月中旬地上部分枯萎，植株进入休眠期，翌年4月初萌芽恢复生长。

桂林植物园 1月8日新芽萌动，1月31日至3月10日叶片平展。

上海辰山植物园 3月14日新芽萌动。

迁地栽培要点

属球状茎类型，定植栽培宜浅不宜深，采用富含有机质、透气、排水良好的复合营养基质栽培。植株休眠期避免栽培基质浇水过多造成球状茎腐烂，也应注意控制节水过度导致球状茎失水死亡。开花期增施磷、钾肥，植株开花整齐数多，花大、色艳。

主要用途

室内盆栽或庭园栽培观赏。全草入药可活血调经等。

花序

雌花

子房和幼果

45
广西秋海棠

Begonia guangxiensis C. Y. Wu, Acta Phytotax. Sin. 35: 45. 1997.

自然分布

分布于广西东兰、都安，生于海拔200～270m的林下阴湿石壁或石灰岩间。中国特有种。

鉴别特征

根状茎，叶片大型，宽卵形密被长卷曲毛，雌花下垂，花梗长。

迁地栽培形态特征

多年生常绿草本，株高20～30cm，冠幅15～25cm。

茎 根状茎匍匐粗壮，紫褐色，直径1.3～2.0cm，长8～12cm。

叶 叶片大型，轮廓宽卵形或近圆形，长10～15cm、宽10～12cm；叶面深绿色至褐绿色，密被长卷曲毛。

花 花被片桃红色、二歧聚伞花序，着花数10～20朵。雄花直径3～3.5cm，外轮2被片阔倒卵形，内轮2被片长圆形；雌花直径2.5～3.0cm，外轮2被片阔倒卵形，内轮被片1，长圆形。

果 蒴果具不等3翅，较大翅镰状。

受威胁状况评价

濒危（EN）。

引种信息

昆明植物园　2002年，税玉民从广西野外采集引种（登记号2002-4）。

物候

昆明植物园　12月23～31日初花，盛花期翌年1月1日至2月28日，3月上旬末花；果实成熟期3月下旬至5月中旬。

上海辰山植物园　2月14日盛花，2月28日末花，3月7日幼果。

迁地栽培要点

属根状茎类型，采用富含有机质、透气、排水良好的复合营养基质栽培，切忌过深，以免根状茎腐烂。由于叶片大型，栽培基质灌水应从叶下部喷入。开花期适当增加斜射光照，并增施磷、钾肥，使植株开花数多，花大、色艳。

主要用途

室内盆栽观赏。

雄花
雌花
幼叶及毛被
幼果
开花植株
营养生长植株

46
管氏秋海棠

Begonia guaniana H. Ma et H. Z. Li, Ann. Bot. Fennici 43: 466-470. 2006.

初花植株

盛花植株

自然分布

分布于云南盐津，生于海拔500m的林下阴湿石壁或岩石间。中国特有种。

鉴别特征

球状茎，叶片卵圆形深绿色，光滑无毛。

迁地栽培形态特征

多年生草本，株高15~25cm。具球状地下茎，冬季地上部分枯萎休眠。

茎 地下茎球状，直径1.2~1.8cm，着生多条须根。

叶 叶片轮廓卵圆形，长6~15cm、宽4~12cm；叶面深绿色，光滑无毛。

花 花被片桃红色或白色，二歧聚伞花序，着花数8~16朵，株开花数20至数十朵。雄花直径3.5~4cm，外轮2被片卵圆形，内轮2被片长卵形；雌花直径2~2.5cm，外轮2被片扁圆形，内轮被片1，长卵圆形。

果 蒴果具不等3翅，较大翅长三角形。

受威胁状况评价

无危（LC）。

引种信息

昆明植物园 2005年6月14日，李宏哲从云南盐津野外采集引种（登记号2005-2）。

物候

昆明植物园 7月20～28日初花，盛花期8月5～31日，9月中旬末花；果实成熟期11月上旬至12月中旬。11月20～30日，植株地上部分叶片枯萎，进入休眠期，翌年4月上旬萌芽恢复生长。

迁地栽培要点

属球状茎类型，定植栽培宜浅不宜深，采用富含有机质、透气、排水良好的复合营养基质栽培。植株休眠期避免栽培基质浇水过多造成球状茎腐烂，也应注意控制节水过度导致球状茎失水死亡。开花期增施磷、钾肥，植株开花整齐数多，花大、色艳。

主要用途

室内盆栽观赏。

雄花

雌花

子房

白色花序

桃红色花序

47
圭山秋海棠

Begonia guishanensis S. H. Huang & Y. M. Shui, Acta Bot. Yunnan. 16: 336. 1994.

初花植株

自然分布

分布于云南石林圭山，生于海拔1990m的石灰岩山地常绿阔叶林下阴湿的岩石间。

鉴别特征

球状茎，叶面褐绿色，具白色斑纹。

迁地栽培形态特征

多年生草本，株高15~25cm。具球状地下茎，冬季地上部分枯萎休眠。

茎 地下茎球状，直径1.2~1.8cm，着生多数须根。

叶 叶片轮廓长卵形，长5~10cm、宽4~8cm；叶面褐绿色，具白色斑纹。

花 花被片深桃红色，二歧聚伞花序，着花数8~16朵。雄花直径2~2.5cm，外轮2被片卵圆形，内轮2被片倒卵状长圆形；雌花直径1~1.2cm，外轮2被片近圆形，内轮被片1，长圆形。

果 蒴果具不等3翅，较大翅长三角形。

受威胁状况评价

数据缺乏（DD）。

引种信息

昆明植物园 1997年，田代科从云南路南野外采集引种（登记号1997-9）。2010年10月22日，鲁元学从云南石林圭山野外采集引种（登记号2010-84）。

物候

昆明植物园 8月5～17日初花，盛花期8月23日至9月15日，9月下旬末花；果实成熟期11月中旬至12月中旬。11月中旬地上部分枯萎进入休眠期，翌年5月上旬萌芽开始恢复生长。

迁地栽培要点

属球状茎类型，定植栽培宜浅不宜深，采用富含有机质、透气、排水良好的复合营养基质栽培。植株休眠期避免栽培基质浇水过多造成球状茎腐烂，也应注意控制节水过度导致球状茎失水死亡。开花期增施磷、钾肥，植株开花整齐数多，花大、色艳。

主要用途

室内盆栽观赏。

盛花植株

花序

叶片斑纹

48
古林箐秋海棠

Begonia gulinqingensis S. H. Huang & Y. M. Shui, Acta Bot. Yunnan. 16: 334. 1994.

现蕾植株

自然分布

分布于云南马关古林箐，生于海拔1730m的常绿阔叶林下阴湿草丛中。中国特有种。

鉴别特征

根状茎，叶片近圆形，具银绿色斑点。

迁地栽培形态特征

多年生常绿草本，株高15～25cm，冠幅22～30cm。

茎 根状茎匍匐粗壮，褐绿色，直径1.5～2.0cm，长9～13cm。

叶 叶片轮廓近圆形或团扇形，长宽6～12cm；叶面褐绿色，嵌近圆形银绿色斑点。

花 花被片玫红色，二歧聚伞花序，着花数3～6朵，单株开花数极多。雄花直径1.8～2.5cm，外轮2被片卵圆形，内轮2被片椭圆形；雌花直径1.5～2cm，外轮2被椭圆形，内轮被片3，长卵圆形。

果 蒴果具不等3翅，较大翅三角形或镰状。

受威胁状况评价

数据缺乏（DD）。

引种信息

昆明植物园 1998年12月8日，田代科引种（登记号1998-7）。2006年7月12日，李景秀、马宏引种（登记号2006-16）。2011年3月9日、12月8日，李景秀、胡枭剑、崔卫华、殷雪清引种（登记号2011-1，2011-18）。2013年3月5日，鲁元学、中田政司、志内利明引种（登记号2013-8）。2014年3月3日，李景秀、崔卫华引种（登记号2014-3）。引种地点和途径均为云南马关古林箐野外采集。

物候

昆明植物园 10月26日至11月17日初花，盛花期12月6～28日，1月中旬末花。引种植株栽培适应性极差，屡次引种栽培未能存活，通过特别栽培繁殖措施试验解决关键技术，引种植株能正常生长开花，但至今未能结实。

迁地栽培要点

属根状茎类型，采用富含有机质、透气、排水良好的复合营养基质栽培，切忌过深，以免根状茎腐烂。由于叶片数多、密集，栽培基质灌水应从叶下部喷入。开花期适当增加斜射光照，并增施磷、钾肥，使植株开花数多，花大、色艳。

主要用途

室内盆栽观赏。

幼果

初花植株

盛花植株

花序

49
海南秋海棠

Begonia hainanensis Chun & F. Chun, Sunyatsenia 4: 20. 1939.

自然分布

分布于海南保亭、陵水，生于海拔950～1000m的林下阴湿山谷、溪边土坎或石头上。

鉴别特征

根状茎，延伸或攀缘，雌雄异株。

迁地栽培形态特征

多年生常绿草本，株高10～15cm，冠幅8～20cm。

茎 根状茎匍匐延伸或攀缘，紫褐色，直径5～7mm，长8～12cm。

叶 叶片轮廓卵状长圆形或椭圆状长圆形，长5～8cm、宽2～3.5cm；叶片正面褐绿色，背面褐红色，光滑无毛。

花 花被片玫红色至桃红色，二歧聚伞花序着花数3～8朵。雄花直径1.5～1.8cm，外轮2被片倒卵圆形，内轮2被片长卵形；雌花直径1.2～1.6cm，外轮2被片宽卵形，内轮被片3，长卵圆形。

果 蒴果具不等3翅，较大翅镰状。

受威胁状况评价

濒危（EN）。

引种信息

昆明植物园 2011年7月31日，李景秀、崔卫华从海南野外采集引种（登记号2011-7）。

物候

昆明植物园 3月13～29日初花，盛花期4月2～18日，5月下旬末花；果实成熟期7月下旬至8月下旬。

上海辰山植物园 3月17日花芽出现。

迁地栽培要点

属根状茎类型，采用富含有机质、透气、排水良好的复合营养基质栽培，切忌过深，以免根状茎腐烂。由于叶片较大型，栽培基质灌水应从叶下部喷入。开花期适当增加斜射光照，并增施磷、钾肥，使植株开花数多，花大、色艳。

主要用途

室内盆栽观赏。

初花植株

幼叶及毛被

花序

雄花

50
香花秋海棠

Begonia handelii Irmscher, Anz. Akad. Wiss. Wien, Math.-Naturwiss. Kl. 58: 24. 1921.

雄株

自然分布

分布于云南河口、金平、蒙自、西畴、麻栗坡、富宁、景洪、勐腊、勐海，广西和海南等地也有分布，生于海拔150～850m的热带雨林下阴湿沟谷或路边斜坡。

鉴别特征

根状茎，雌雄异株，花朵具清香。

迁地栽培形态特征

多年生常绿草本，株高25～50cm，冠幅40～70cm。

茎 根状茎匍匐粗壮，褐绿色，直径1.8～2.3cm，长9～13cm。

叶 叶片轮廓卵形或卵状长圆形，长10～15cm、宽6～11cm；叶面浓绿色，疏被短刚毛。

花 花被片白色或浅粉红色，二歧聚伞花序，着花数8～12朵，单株开花数极多，数十至上百朵。雄花直径6～8cm，外轮2被片宽卵形，内轮2被片卵状长圆形；雌花直径6～10cm，外轮2被片宽卵形，内轮2被片卵状长圆形。

果 蒴果浆果状，球形，具4棱。

受威胁状况评价

无危（LC）。

引种信息

昆明植物园 1997年12月8日，田代科从云南河口野外采集引种（登记号1997-10）。2007年8月2日，李景秀、李宏哲、季慧从云南澜沧野外采集引种（登记号2007-12）。2009年3月27日，李宏哲、胡枭剑、杨丽华从云南河口野外采集引种（登记号2009-24，2009-39）。2013年3月5日，鲁元学、中田政司、志内利明从云南河口野外采集引种（登记号2013-7）。

桂林植物园 引种来源不详，引种编号13。

物候

昆明植物园 2月10～26日初花，盛花期3月5～28日，4月上旬末花；果实成熟期5月下旬至6月下旬。

桂林植物园 3月13日初花；12月26日新芽萌动，1月10日叶片平展。

上海辰山植物园 2月14日初花，2月28日至3月27日末花；3月17日幼果。

迁地栽培要点

属根状茎类型，采用富含有机质、透气、排水良好的复合营养基质栽培，切忌过深，以免根状茎腐烂。由于叶片较密集，栽培基质灌水应从叶下部喷入。开花期适当增加斜射光照，并增施磷、钾肥，使植株开花数多，花大、色艳。

主要用途

室内盆栽观赏。全草入药治疥疮痒痛。

雄花

雌花

51
铺地秋海棠

Begonia handelii var. ***prostrata*** (Irmscher) Tebbitt, Edinburgh J. Bot. 60: 6. 2003.

自然分布

分布于云南普洱、勐海、澜沧、沧源，生于海拔1100～1500m的密林下阴湿的山谷或路边斜坡。

鉴别特征

根状茎，雌雄异株，叶面有时具白色斑纹。

迁地栽培形态特征

多年生常绿草本，株高35～50cm，冠幅40～80cm。

茎 根状茎匍匐粗壮，略斜升，褐绿色，直径1.8～2.0cm，长8～14cm。

叶 叶片轮廓宽卵形，长10～14cm、宽6～8cm；叶面深绿色，生极疏短刚毛，有时具白色斑纹。

花 花被片桃红色，二歧聚伞花序，着花数3～12朵，单株开花数极多，数十至上百朵。雄花直径3.6～4.5cm，外轮2被片阔卵圆形，内轮2被片倒卵状椭圆形；雌花直径3.5～4.2cm，外轮2被片阔卵圆形，内轮2被片倒卵状长圆形。

果 蒴果浆果状，近球形，极短翅三角形。

受威胁状况评价

无危（LC）。

引种信息

昆明植物园 2000年4月15日，李景秀、向建英从云南沧源野外采集引种（登记号2000-10）。

物候

昆明植物园 2月3～16日初花，盛花期2月25日至3月18日，4月上旬末花；果实成熟期5月中旬至6月下旬。

迁地栽培要点

属根状茎类型，采用富含有机质、透气、排水良好的复合营养基质栽培，切忌过深，以免根状茎腐烂。由于叶片较大密集，栽培基质灌水应从叶下部喷入。开花期适当增加斜射光照，并增施磷、钾肥，使植株开花数多，花大、色艳。

主要用途

室内盆栽观赏。

雄花
雌花
营养生长植株－雌
营养生长植株－雄

52
红毛香花秋海棠

Begonia handelii* var. *rubropilosa (S. H. Huang & Y. M. Shui) C. I. Peng, comb. nov.

雌花

雄花

自然分布

分布于云南屏边、河口，生于海拔300～1400m的阔叶林下阴湿的沟谷或路边斜坡。中国特有种。

鉴别特征

根状茎，雌雄异株，花朵具清香，叶面绿色，疏被红色长柔毛。

迁地栽培形态特征

多年生常绿草本，株高25～50cm，冠幅50～70cm。

茎 根状茎匍匐粗壮，褐绿色，直径1.8～2.5cm，长10～14cm。

叶 叶片轮廓卵形或卵状长圆形，长10～15cm、宽6～11cm；叶面浓绿色，疏被红色长柔毛。

花 花被片白色或浅粉红色，二歧聚伞花序着花数8～12朵，单株开花数极多，数十至上百朵。雄花直径6～8cm，外轮2被片宽卵形，内轮2被片卵状长圆形；雌花直径6～10cm，外轮2被片宽卵形，内轮2被片卵状长圆形。

果 蒴果浆果状，球形，具4棱。

受威胁状况评价

无危（LC）。

引种信息

昆明植物园 1997年12月8日，田代科从云南河口野外采集引种（登记号1997-11）。2011年3月9日，李景秀、胡枭剑、崔卫华从云南河口采集引种（登记号2011-2）。

物候

昆明植物园 2月2～8日初花，盛花期2月10～28日，3月下旬末花；果实成熟期5月中旬至6月下旬。

上海辰山植物园 2月14日末花，3月7日幼果。

迁地栽培要点

属根状茎类型，采用富含有机质、透气、排水良好的复合营养基质栽培，切忌过深，以免根状茎腐烂。由于叶片较密集，栽培基质灌水应从叶下部喷入。开花期适当增加斜射光照，并增施磷、钾肥，使植株开花数多，花大、色艳。

主要用途

室内盆栽观赏。

叶片红毛

营养生长植株-雄

幼果

53
墨脱秋海棠

Begonia hatacoa Buchanan-Hamilton ex D. Don, Prodr. Fl. Nepal. 223. 1825.

自然分布

分布于西藏墨脱，尼泊尔、不丹、印度北部也有分布。生于海拔600～1000m的常绿阔叶林下阴湿沟谷，路边草丛或岩石间。

鉴别特征

直立茎，有时匍匐延伸，叶片卵状披针形，绿色近无毛。

迁地栽培形态特征

多年生常绿草本，株高30～65cm，冠幅40～60cm。

茎 茎直立或匍匐延伸，绿色，直径6～10cm，茎高25～50cm。

叶 叶片轮廓长卵形至卵状披针形，长6～10cm、宽3～5cm；叶面深绿色，近无毛或散生短毛。

花（原生地形态特征）花被片粉红色，二歧聚伞花序，着花数2～4朵。雄花直径1.2～2.5cm，外轮2被片三角状卵形，内轮被片1，长圆形；雌花直径1.0～2.2cm，外轮2被片宽卵形，内轮被片3，长圆形至披针形。

果（原生地形态特征）蒴果具不等3翅，较大翅镰状。

受威胁状况评价

无危（LC）。

引种信息

昆明植物园　2016年5月29日，李景秀从西藏墨脱野外采集引种（登记号2016-18、2016-19）。

物候

原生地　开花期10～11月；果熟期翌年1～2月。

昆明植物园　植株正常生长，尚未开花结实。

迁地栽培要点

属直立茎类型，栽培过程中应注意摘心、控制顶端优势，促进侧茎生长，调整株形。采用富含有机质、透气、排水良好的复合营养基质栽培，植株生长发育期适当增施磷、钾肥，使直立茎健壮生长，提高植株的抗倒伏能力。

主要用途

室内盆栽或庭园栽培观赏。

保存植株

54
河口秋海棠

Begonia hekouensis S. H. Huang, Acta Bot. Yunnan. 21: 21. 1999.

自然分布

分布于云南河口，生于海拔350～400m的季雨林下阴湿的石灰岩间或岩缝中。

鉴别特征

根状茎，叶脉近羽状，花被片橘红色或粉红色。

迁地栽培形态特征

多年生常绿草本，株高25～35cm，冠幅40～50cm。

茎 根状茎匍匐粗壮，褐绿色，直径8～10mm，长6～12cm。

叶 叶片轮廓卵形，长10～15cm、宽8～12cm；叶面深绿色，被短刺状毛，近羽状脉。

花 花被片橘红色或粉红色，二歧聚伞花序，着花数6～8朵。雄花直径2.2～2.8cm，外轮2被片椭圆形，内轮2被片宽卵形；雌花直径2.0～2.5cm，外轮2被片宽卵形，内轮被片3，长圆形。

果 蒴果具不等3翅，较大翅三角形。

受威胁状况评价

数据缺乏（DD）。

引种信息

昆明植物园 2009年3月28日，李景秀、胡枭剑、杨丽华引种（登记号2009-23）。2011年3月9日，李景秀、胡枭剑、崔卫华引种（登记号2011-3）。2013年3月5日，鲁元学、中田政司、志内利明引种（登记号2013-3）。2014年3月3日，李景秀、崔卫华引种（登记号2014-2）。引种地点和途径均为云南河口。

物候

昆明植物园 8月5～23日初花，盛花期9月7～30日，10月中旬末花；果实成熟期11月中旬至12月下旬。

迁地栽培要点

属根状茎类型，采用富含有机质、透气、排水良好的复合营养基质栽培，切忌过深，以免根状茎腐烂。由于叶片较大型，栽培基质灌水应从叶下部喷入。开花期适当增加斜射光照，并增施磷、钾肥，使植株开花数多，花大、色艳。

主要用途

室内盆栽观赏。

初花植株
末花植株
雄蕊和花药
子房
雌花

55
掌叶秋海棠

Begonia hemsleyana J. D. Hooker, Bot. Mag. 125: t. 7685. 1899.

初花植株

盛花植株

自然分布

分布于云南屏边、蒙自、西畴、勐腊、江城、沧源，四川和广西也有分布，生于海拔700～1300m的林下阴湿山谷、溪沟边或路边灌丛中。

鉴别特征

直立茎，掌状复叶。

迁地栽培形态特征

多年生常绿草本，株高30～70cm，冠幅45～75cm。

茎 地上茎直立粗壮，褐绿色，直径1.0～1.2cm，茎高20～60cm。

叶 掌状复叶，小叶片7～8片，卵状披针形；叶面深绿色，有时被银白色斑点。

花 花被片桃红色至玫红色，二歧聚伞花序，着花数4～6朵。雄花直径2.0～2.5cm，外轮2被片卵圆形，内轮2被片卵状长圆形；雌花直径1.6～2.2cm，外轮2被片卵圆形，内轮被片3，长圆形。

果 蒴果具不等3翅，较大翅长圆形。

受威胁状况评价

无危（LC）。

引种信息

昆明植物园 1980年，夏德云、冯桂华从云南野外采集引种（登记号1980-1）。2000年5月，李景秀、向建英从云南勐腊野外采集引种（登记号 2000-23）。2009年3月28日，李景秀、胡枭剑、杨丽华，从云南马关野外采集引种（登记号 2009-26）。

桂林植物园 引种来源不详，引种编号14。

物候

昆明植物园 7月2～18日初花，盛花期8月5～25日，9月下旬末花；果实成熟期10月下旬至11月下旬。

桂林植物园 9月29日花序形成，10月11日初花，10月28日盛花，12月30日末花；12月30日幼果，翌年3月16日果实成熟；12月23日新芽萌动，翌年1月10日叶片平展。

迁地栽培要点

属直立茎类型，栽培过程中应注意摘心、控制顶端优势，促进侧茎生长，调整株形。栽培基质应富含有机质、透气、排水良好，植株生长发育期适当增施磷、钾肥，使直立茎健壮生长，提高植株的抗倒伏能力。

主要用途

室内盆栽或庭园栽培观赏。全草入药治肺炎咳嗽。

花序

雄花

雌花

56
独牛

Begonia henryi Hemsley, J. Linn. Soc., Bot. 23: 322. 1887.

自然分布

分布于云南石林、禄劝、富民、勐腊，四川，贵州，湖北，广西等地也有分布；生于海拔850～2600m的阴湿石灰岩石壁或岩缝，以及常绿阔叶林下阴湿的山坡、路边土坎。中国特有种。

鉴别特征

球状茎，叶片褐绿色，密被淡褐色柔毛。

迁地栽培形态特征

多年生草本，株高15～20cm。具球状地下茎，冬季地上部分枯萎休眠。

茎 地下茎球状，直径3～5cm，着生多条须根。

叶 叶片轮廓宽卵形或三角状卵形，长3.5～6cm、宽4～7.5cm；叶面深绿色或褐绿色，密被淡褐色柔毛。

花 花被片粉红色，二歧聚伞花序，着花数2～4朵。雄花直径2.0～2.5cm，外轮2被片扁圆形或宽卵形，内轮2被片长卵形；雌花直径1.3～1.7cm，花被片2，扁圆形。

果 蒴果具不等3翅，较大翅三角形。

受威胁状况评价

无危（LC）。

引种信息

昆明植物园 1997年7月，孔繁才从云南易门野外采集引种（登记号1997-12）。2009年10月18日，胡枭剑从四川西昌泸山野外采集引种（登记号2009-219）。

物候

昆明植物园 7月16～23日初花，盛花期7月28日至8月17日，8月下旬末花；果实成熟期10月中旬至11月下旬。12月中下旬地上部分叶片枯萎进入休眠期，翌年4月中旬萌芽开始恢复生长。

上海辰山植物园 3月13日初花。

迁地栽培要点

属球状茎类型，定植栽培宜浅不宜深，采用富含有机质、透气、排水良好的复合营养基质栽培。植株休眠期避免栽培基质浇水过多造成球状茎腐烂，也应注意控制节水过度导致球状茎失水死亡。

主要用途

室内盆栽观赏。全草入药可活血消肿，解毒利湿。

雄花

幼果

叶背

雌花

球状茎自然繁殖

营养生长植株

57
香港秋海棠

Begonia hongkongensis F. W. Xing, Ann. Bot. Fenn. 42: 151. 2005.

开花植株

自然分布

分布于香港屯门，生于海拔150～350m的林下阴湿峡谷溪流石壁。

鉴别特征

根状茎，叶片长卵形，光滑无毛，花被片白色。

迁地栽培形态特征

多年生常绿草本，株高5～6cm，冠幅6～8cm。

茎 根状茎匍匐，褐绿色，直径4～5mm，长2～4cm。

叶 叶片长卵形，光滑无毛，长3～6cm、宽2～3cm；叶面绿色至褐绿色，光滑无毛。

花（原生地形态特征）花被片白色，二歧聚伞花序，着花数2～4朵。雄花直径1.5～2.0cm，外轮2被片卵圆形，内轮2被片长椭圆形；雌花直径1.2～1.8cm，外轮2被片阔卵形，内轮被片2或3，倒卵形。

果（原生地形态特征）蒴果具不等3翅，较大翅长圆形。

花蕾

雄花

受威胁状况评价

数据缺乏（DD）。

引种信息

昆明植物园 2016年11月3日，崔卫华从上海辰山植物园引种栽培（登记号2016-30）。

物候

原生地 开花期7～9月，果熟期10～12月。

昆明植物园 引种栽培存活，尚未开花结实。

迁地栽培要点

属根状茎类型，采用富含有机质、透气、排水良好的复合营养基质栽培，切忌过深，以免根状茎腐烂。

主要用途

室内盆栽观赏。

58 黄氏秋海棠

Begonia huangii Y. M. Shui & W. H. Chen, Acta Bot. Yunnan. 27: 365. 2005.

初花植株

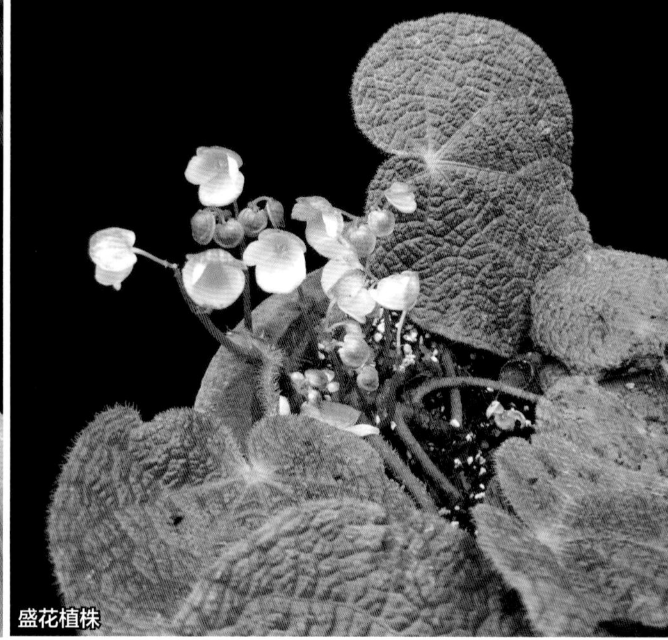
盛花植株

自然分布

分布于云南屏边、个旧，生于海拔700～1100m的林下阴湿石灰岩间或石壁。中国特有种。

鉴别特征

根状茎，叶片宽卵形，褐绿色，被糙毛。

迁地栽培形态特征

多年生常绿草本，株高10～20cm，冠幅20～30cm。

茎 根状茎匍匐，紫褐色，直径8～12mm，长6～10cm。

叶 叶片轮廓宽卵形，长12～14cm、宽9～10cm；叶面深绿色至褐绿色，被糙毛。

花 花被片桃红色至浅粉红色，有时花被片背面呈橘红色，二歧聚伞花序，着花数6～8朵。雄花直径2～2.5cm，外轮2被片卵形，内轮2被片倒卵状长圆形；雌花直径1～1.2cm，外轮2被片扁圆形，内轮被片1，倒卵状长圆形。

果 蒴果具近等3翅，较大翅镰状。

受威胁状况评价

无危（LC）。

引种信息

昆明植物园 2009年4月2日，李景秀、胡枭剑、杨丽华从云南个旧野外采集引种（登记号2009-36）。

物候

昆明植物园 9月18~30日初花，盛花期11月14日至12月10日，12月中旬末花；果实成熟期12月下旬至翌年3月中旬。

迁地栽培要点

属根状茎类型，采用富含有机质、透气、排水良好的复合营养基质栽培，切忌过深，以免根状茎腐烂。由于叶片较密集，栽培基质灌水应从叶下部喷入。开花期适当增加斜射光照，并增施磷、钾肥，使植株开花数多，花大、色艳。

主要用途

室内盆栽观赏。

花序

雌花

雄花

59
胡润秋海棠

Begonia hurunensis S. M. Ku, nom. nud.

自然分布

分布于广西靖西，生于海拔450m的林下阴湿石灰岩间或石壁。

鉴别特征

根状茎，叶片斜卵形，叶面翠绿色，疏被短毛。

迁地栽培形态特征

多年生常绿草本，株高20～30cm，冠幅25～45cm。

茎 根状茎匍匐粗壮，褐绿色，直径6～10mm，长8～12cm。

叶 叶片轮廓斜卵形，长10～16cm、宽8～12cm；叶面翠绿色，疏被短毛，有的具白色斑纹。

花 花被片浅桃红色，二歧聚伞花序，着花数6～8朵。雄花直径2～2.5cm，外轮2被片倒卵圆形，内轮2被片长椭圆形；雌花直径1～1.5cm，外轮2被片卵圆形，内轮被片1，长圆形。

果 蒴果具近等3翅，较大翅镰状。

受威胁状况评价

数据缺乏（DD）。

引种信息

昆明植物园 2010年2月27日，中田政司、兼本正、鲁元学、胡枭剑从广西靖西野外采集引种（登记号2010-2）。

物候

昆明植物园 10月8～26日初花，盛花期11月7～28日，12月上旬末花；果实成熟期翌年1月中旬至2月下旬。

迁地栽培要点

属根状茎类型，采用富含有机质、透气、排水良好的复合营养基质栽培，切忌过深，以免根状茎腐烂。由于叶片较大、密集，栽培基质灌水应从叶下部喷入。开花期适当增加斜射光照，并增施磷、钾肥，使植株开花数多，花大、色艳。

主要用途

室内盆栽观赏。

初花植株

雄花

花序

雌花

盛花植株

60
靖西秋海棠

Begonia jingxiensis D. Fang & Y. G. Wei, Acta Phytotax. Sin. 42: 172. 2004.

盛花植株

营养生长幼株

自然分布

分布于广西靖西、大新，生于海拔450m的林下阴湿石灰岩石间或石壁。中国特有种。

鉴别特征

根状茎，叶片近圆形，叶缘密被白色长柔毛。

迁地栽培形态特征

多年生常绿草本，株高15～25cm，冠幅25～40cm。

茎 根状茎匍匐，褐紫色，直径8～12mm，长5～8cm。

叶 叶片轮廓近圆形，长10～12cm、宽8～10cm；叶面亮绿色，厚肉质，叶缘密被白色长柔毛，幼叶尤其明显。

花 花被片浅粉红色或桃红色，二歧聚伞花序着花数12～20朵，单株开花数较多。雄花直径0.8～2.2cm，花被片2，阔卵圆形；雌花直径1～2.0cm，花被片2，倒卵圆形。

果 蒴果具近等3翅，较大翅镰状。

受威胁状况评价

无危（LC）。

引种信息

昆明植物园 2003年，税玉民从广西靖西野外采集引种（登记号2003-13）。2010年2月27日，中田政司、兼本正、鲁元学、胡枭剑从广西靖西野外采集引种（登记号2010-1）。

桂林植物园 引种来源不详，引种编号15。

物候

昆明植物园 7月12～23日初花，盛花期8月26日至9月15日，9月下旬末花；果实成熟期10月中旬至12月下旬。

桂林植物园 9月29日花序形成，10月8日初花，10月21日盛花，12月7日末花；11月26日至翌年3月13日果实成熟；1月4日新芽萌动，1月10日叶片平展。

上海辰山植物园 3月13日新芽萌动。

迁地栽培要点

属根状茎类型，采用富含有机质、透气、排水良好的复合营养基质栽培，切忌过深，以免根状茎腐烂。由于叶片数多、密集，栽培基质灌水应从叶下部喷入。开花期适当增加斜射光照，并增施磷、钾肥，使植株开花数多，花大、色艳。

主要用途

室内盆栽观赏。

雄花　叶片毛被　雌花　果实和种子

61
马山秋海棠

Begonia jingxiensis var. ***mashanica*** D. Fang et D. H. Qin, Acta Phytotax. Sin. 42(2): 170-179. 2004.

盛花植株

自然分布

分布于广西宜山、靖西、马山等地，生于海拔180～300m的林下阴湿石灰岩间或石壁。

鉴别特征

根状茎，叶片嵌环状银绿色斑纹，叶缘密被白色长柔毛。

迁地栽培形态特征

多年生常绿草本，株高15～20cm，冠幅30～40cm。

茎 根状茎匍匐，褐绿色，直径7～12mm，长6～12cm。

叶 叶片轮廓近圆形，长8～12cm、宽7～10cm；叶片厚肉质褐绿色，嵌环状银绿色斑纹，叶缘密被白色长柔毛，幼叶尤其明显。

花 花被片桃红色，二歧聚伞花序，着花数6～14朵，单株开花数较多。雄花直径1.5～3.5cm，花被片2，倒卵圆形；雌花直径1～3.0cm，花被片2，卵圆形。

果 蒴果，具近等3翅，较大翅镰状。

受威胁状况评价

数据缺乏（DD）。

引种信息

昆明植物园 2003年，税玉民从广西靖西野外采集引种（登记号2003-12）。

物候

昆明植物园 5月28至6月15日初花，盛花期6月25日至7月31日，8月上旬末花；果实成熟期9月下旬至10月初。

迁地栽培要点

属根状茎类型，采用富含有机质、透气、排水良好的复合营养基质栽培，切忌过深，以免根状茎腐烂。由于叶片数多、密集，栽培基质灌水应从叶下部喷入。开花期适当增加斜射光照，并增施磷、钾肥，使植株开花数多，花大、色艳。

主要用途

室内盆栽观赏。

花序 雄花 雌花 子房 果实

62
重齿秋海棠

Begonia josephii A. Candolle, Ann. Sci. Nat., Bot., sér. 4, 11: 126. 1859 [“josephi”].

花序

自然分布

分布于西藏（错那）。尼泊尔、不丹、印度东北部也有分布。生于海拔2600～2800m针阔混交林中或林缘阴湿的岩石壁。

鉴别特征

球状茎，叶片盾状着生。

迁地栽培形态特征

多年生草本，株高10～20cm。具球状地下茎，冬季地上部分枯萎休眠。

茎 地下茎球状，褐绿色，直径1.3～2.0cm，着生多条须根。

叶 叶片盾状着生，轮廓宽卵形至近圆形，近全缘或三角状浅裂，长6～10cm、宽5～8cm；叶面深绿色，疏被短粗毛。

花 花被片粉红色，二歧聚伞花序，着花数6～8朵。雄花直径2～2.5cm，外轮2被片倒卵形，内轮2被片长圆形；雌花直径1.5～2cm，外轮2被片卵圆形，内轮被片2或3，长卵形。

果 蒴果倒卵球形，具不等3翅，较大翅镰状。

受威胁状况评价

数据缺乏（DD）。

引种信息

昆明植物园 2005年8月18日，管开云从不丹引种栽培（登记号2005-10）。

物候

昆明植物园 7月26日至8月12日初花，盛花期8月15～31日，9月上旬末花；果实成熟期11月上旬至12月中旬。12月下旬地上部分叶片枯萎进入休眠期，翌年4月上旬萌芽开始恢复生长。

迁地栽培要点

属球状茎类型，定植栽培宜浅不宜深，采用富含有机质、透气、排水良好的复合营养基质栽培。植株休眠期避免栽培基质浇水过多造成球状茎腐烂，也应注意控制节水过度导致球状茎失水死亡。开花期增施磷、钾肥，植株开花整齐数多，花大、色艳。

主要用途

室内盆栽观赏。

盾形叶

营养生长幼株

雄花

63
心叶秋海棠

Begonia labordei H. Léveillé, Bull. Soc. Agric. Sarthe 59: 323. 1904.

自然分布

分布于云南昆明、大理，四川和贵州等地也有分布；生于海拔850～3000m的常绿阔叶林下岩石壁或杂木林内阴湿的岩缝中。

鉴别特征

球状茎，叶片卵状心形。

迁地栽培形态特征

多年生常绿草本，株高25～35cm，冠幅20～26cm。

茎 地下茎球状，直径2.5～3.0cm，着生多条须根。

叶 叶片较大型，轮廓卵状心形，长15～25cm、宽6～22cm；叶面深绿色，散生硬毛。

花 花被片粉红色或浅玫红色，二歧聚伞花序，着花数多，25至数十朵。雄花直径1.8～2.2cm，外轮2被片卵圆形，内轮2被片椭圆形；雌花直径1.2～1.5cm，外轮2被片椭圆形，内轮2被片长圆形。

果 蒴果具不等3翅，较大翅三角形。

受威胁状况评价

近危（NT）。

引种信息

昆明植物园 1997年8月，管开云从昆明野外采集引种（登记号1997-13）。2007年8月2日，李宏哲、李景秀从云南澜沧野外采集引种（登记号2007-13）。

物候

昆明植物园 6月20至7月5日初花，盛花期7月16日至8月15日，9月中旬末花；果实成熟期10月上旬至12月中旬。12月下旬地上部分叶片枯萎进入休眠期，翌年4月上旬萌芽开始恢复生长。

迁地栽培要点

属球状茎类型，定植栽培宜浅不宜深，采用富含有机质、透气、排水良好的复合营养基质栽培。植株休眠期避免栽培基质浇水过多造成球状茎腐烂，也应注意控制节水过度导致球状茎失水死亡。开花期增施磷、钾肥，植株开花整齐数多，花大、色艳。

主要用途

室内盆栽或庭园栽培观赏。球茎入药可凉血止血，止痛。

花序

雌花

开花植株

64
撕裂秋海棠

Begonia lacerata Irmscher, Mitt. Inst. Allg. Bot. Hamburg 10: 535. 1939.

自然分布

分布于云南蒙自、富宁、屏边，生于海拔1000～1850m的密林下阴湿的岩石间。中国特有种。

鉴别特征

根状茎，叶片掌状5～7深裂，疏被小刚毛。

迁地栽培形态特征

多年生常绿草本，株高25～40cm，冠幅40～60cm。

茎 根状茎匍匐粗壮，褐紫色，直径1.5～2.5cm，长8～10cm。

叶 叶片轮廓宽卵形至近圆形，长9～16cm、宽8～15cm，掌状5～7深裂；叶面褐绿色，疏被小刚毛。

花 花被片浅粉红色至桃红色，二歧聚伞花序，着花数3～6朵。雄花直径3.5～4.0cm，外轮2被片宽卵形，内轮2被片广椭圆形；雌花直径3.2～3.8cm，外轮2被片宽卵形，内轮被片3，倒卵状长圆形。

果 蒴果具不等3翅，较大翅三角形或镰状。

受威胁状况评价

无危（LC）。

引种信息

昆明植物园 1998年5月8日，田代科从云南东南部野外采集引种（登记号1998-10）。

物候

昆明植物园 7月26日至8月10日初花，盛花期8月15～31日，9月上旬末花；果实成熟期11～12月。

迁地栽培要点

属根状茎类型，采用富含有机质、透气、排水良好的复合营养基质栽培，切忌过深，以免根状茎腐烂。由于叶片较密集，栽培基质灌水应从叶下部喷入。开花期适当增加斜射光照，并增施磷、钾肥，使植株开花数多，花大、色艳。

主要用途

室内盆栽观赏。

雌花

雄花

子房

现蕾植株

65
圆翅秋海棠

Begonia laminariae Irmscher, Notes Roy. Bot. Gard. Edinburgh 21: 40. 1951.

自然分布

分布于云南麻栗坡、马关、西畴、屏边、河口，贵州也有分布；生于海拔1200～1800m的常绿阔叶林下阴湿石灰岩山谷或溪沟边。

鉴别特征

根状茎，叶片掌状7～11深裂，近无毛。

迁地栽培形态特征

多年生常绿草本，株高25～45cm，冠幅50～80cm。

茎 根状茎匍匐粗壮，褐绿色，直径2.0～3.0cm，长10～12cm。

叶 叶片轮廓扁圆形或近圆形，长13～20cm、宽12～18cm，掌状7～11深裂，裂片披针形；叶面深绿色，近无毛或疏生小刚毛。

花 花被片粉红色至桃红色，二歧聚伞花序，着花数6～10朵，单株开花数较多。雄花直径3.5～4.0cm，外轮2被片卵形，内轮2被片长圆形；雌花直径3.0～3.8cm，花被片5，卵状长圆形。

果 蒴果具不等3翅，较大翅三角形。

受威胁状况评价

无危（LC）。

引种信息

昆明植物园 1998年8月9日，田代科从云南东南部野外采集引种（登记号1998-11）。

物候

昆明植物园 7月25日至8月2日初花，盛花期8月17日至9月14日，9月下旬末花；果实成熟期10月下旬至12月中旬。

迁地栽培要点

属根状茎类型，采用富含有机质、透气、排水良好的复合营养基质栽培，切忌过深，以免根状茎腐烂。由于叶片较大型，栽培基质灌水应从叶下部喷入。开花期适当增加斜射光照，并增施磷、钾肥，使植株开花数多，花大、色艳。

主要用途

室内盆栽观赏。

保育植株
营养生长植株
花序
雄花
雌花

66
澜沧秋海棠

Begonia lancangensis S. H. Huang, Acta Bot. Yunnan. 21: 13. 1999.

营养生长植株

自然分布

分布于云南澜沧、勐海，生于海拔1200～1600m的常绿阔叶林下阴湿的沟谷或路边斜坡。中国特有种。

鉴别特征

直立茎，雌雄异株，花被片白色。

迁地栽培形态特征

多年生常绿草本，株高30～65cm，冠幅50～70cm。

茎 地上茎直立粗壮，褐绿色，直径2.0～2.5cm，茎高20～55cm。

叶 叶片轮廓斜卵状长圆形，长12～18cm、宽6～10cm；叶面深绿色或呈极浅的银绿色，无毛，近全缘。

花 花被片白色，二歧聚伞花序，着花数10～12朵，单株开花数较多。雄花直径3.8～4.2cm，外轮2被片卵圆形，内轮2被片广椭圆形；雌花直径4.0～4.5cm，花被片4～5，长卵圆形。

果 浆果状蒴果，具不等4翅，较大翅三角形。

受威胁状况评价

数据缺乏（DD）。

引种信息

昆明植物园 2000年5月，李景秀、向建英从云南勐腊野外采集引种（登记号2000-4）。

物候

昆明植物园 3月8～16日初花，盛花期3月20日至4月16日，4月下旬末花；果实成熟期6月中旬至7月下旬。

迁地栽培要点

属直立茎类型，栽培过程中应注意摘心、控制顶端优势，促进侧茎生长，调整株形。采用富含有机质、透气、排水良好的复合营养基质栽培，植株生长发育期适当增施磷、钾肥，使直立茎健壮生长，提高植株的抗倒伏能力。

主要用途

室内盆栽或庭园栽培观赏。

67
灯果秋海棠

Begonia lanternaria Irmscher, Mitt. Inst. Allg. Bot. Hamburg 10: 555. 1939.

结实植株

自然分布

分布于广西龙州，生于海拔400m的林下阴湿石灰岩间或石壁。

鉴别特征

根状茎，叶面嵌银绿色环状斑纹。

迁地栽培形态特征

多年生常绿草本，株高20～25cm，冠幅35～50cm。

茎 根状茎匍匐，褐绿色，直径1.2～1.6cm，长6～11cm。

叶 叶片大型，轮廓斜卵形至宽卵形，长11～13cm、宽12～15cm；叶面整体呈褐绿色，嵌银绿色环状斑纹。

花 花被片浅粉红色至桃红色，二歧聚伞花序，着花数10～16朵。雄花直径2.0～3.0cm，外轮2被片宽卵形，内轮2被片长圆形；雌花直径1.5～2.0cm，外轮2被片宽卵形，内轮被片1，长卵圆形。

果 蒴果具近等3翅，较大翅镰状。

受威胁状况评价

无危（LC）。

引种信息

昆明植物园 1998年8月8日，税玉民从广西野外采集引种（登记号1998-13）。

桂林植物园 引种来源不详，引种编号16。

物候

昆明植物园 7月21～28日初花，盛花期8月26日至9月12日，9月中旬末花；果实成熟期11月中旬至12月中旬。

桂林植物园 10月11日花序形成，10月21日初花，11月4日盛花，12月5日末花；翌年1月31日至3月13日果实成熟；12月23日新芽萌动，翌年1月10日至3月13日叶片平展。

迁地栽培要点

属根状茎类型，采用富含有机质、透气、排水良好的复合营养基质栽培，切忌过深，以免根状茎腐烂。由于叶片较大型，栽培基质灌水应从叶下部喷入。开花期适当增加斜射光照，并增施磷、钾肥，使植株开花数多，花大、色艳。

主要用途

室内盆栽观赏。

雌花

雄花及花序

68
癞叶秋海棠

Begonia leprosa Hance, J. Bot. 21: 202. 1883.

开花植株

自然分布

分布于广西东兰、阳朔、百色，广东信宜、阳春、廉江、连县；生于海拔700～1800m的林下阴湿沟谷或石灰岩洞内石壁。中国特有种。

鉴别特征

根状茎，叶面有时具白色斑纹，蒴果棒状。

迁地栽培形态特征

多年生常绿草本，株高15～25cm，冠幅35～45cm。

茎 根状茎匍匐，褐紫色，直径1.2～1.8cm，长7～12cm。

叶 叶片轮廓近圆形或宽卵圆形，长5～9cm、宽4～8cm；叶面褐绿色，有时具白色斑纹。

花 花被片浅粉红色至橘红色，二歧聚伞花序，着花数2～5朵，单株开花数较多。雄花直径1.5～2.0cm，外轮2被片宽卵形，内轮2被片狭长圆形；雌花直径1.5～1.8cm，外轮2被片宽卵形，内轮

2被片倒卵状长圆形。

果 浆果状蒴果，棒状。

受威胁状况评价

无危（LC）。

引种信息

昆明植物园 2002年6月3日，李宏哲从广西隆安野外采集引种（登记号2002-8）。2010年8月24日，李景秀、胡枭剑、崔卫华、任永权从广西东兰野外采集引种（登记号2010-72）。2013年8月29日，李景秀、崔卫华从广西阳朔野外采集引种（登记号2013-24）。

物候

昆明植物园 5月4～20日初花，盛花期5月25日至6月28日，7月中下旬末花；果实成熟期9月上旬至10月下旬。

迁地栽培要点

属根状茎类型，采用富含有机质、透气、排水良好的复合营养基质栽培，切忌过深，以免根状茎腐烂。由于叶片较密集，栽培基质灌水应从叶下部喷入。开花期适当增加斜射光照，并增施磷、钾肥，使植株开花数多，花大、色艳。

主要用途

室内盆栽观赏。全草入药消疮消肿。

花序 果实 雌花 幼叶

69
蕺叶秋海棠

Begonia limprichtii Irmscher, Repert. Spec. Nov. Regni Veg. Beih. 12: 440. 1922.

自然分布

分布于四川峨眉、洪雅、乐山等地，生于海拔500～1600m的密林下阴湿山谷或灌丛中。中国特有种。

鉴别特征

根状茎，叶面褐绿色，散生长刚毛。

迁地栽培形态特征

多年生常绿草本，株高15～25cm，冠幅30～45cm。

茎 根状茎匍匐，褐紫色，直径8～10mm，长6～10cm。

叶 叶片轮廓卵形至宽卵形，长5～8cm、宽4～7cm；叶面褐绿色，散生长刚毛。

花 花被片白色或粉红色，二歧聚伞花序，着花数3～6朵。雄花直径3.5～4.0cm，外轮2被片宽卵形，内轮2被片宽椭圆形；雌花直径2.8～3.5cm，外轮2被片近圆形，内轮被片2、有时3，长圆形。

果 蒴果具不等3翅，较大翅三角形。

受威胁状况评价

无危（LC）。

引种信息

昆明植物园 1998年12月15日，税玉民从四川峨眉野外采集引种（登记号1998-14）。

物候

昆明植物园 5月4～15日初花，盛花期5月18日至6月10日，6月下旬末花；果实成熟期8月中旬至9月下旬。

迁地栽培要点

属根状茎类型，采用富含有机质、透气、排水良好的复合营养基质栽培，切忌过深，以免根状茎腐烂。由于叶片较大型，栽培基质灌水应从叶下部喷入。

主要用途

室内盆栽观赏。

雌花
雄花
花茎
幼果
营养生长植株

70 临桂秋海棠

Begonia linguiensis S. M. Ku, nom. nud.

自然分布

分布于广西临桂，生于海拔280m的林下阴湿石灰岩间或洞内石壁。

鉴别特征

根状茎，叶片斜卵形，被短疏毛。

迁地栽培形态特征

多年生常绿草本，株高25～30cm，冠幅30～45cm。

茎 根状茎匍匐，褐绿色，直径1.0～1.5cm，长7～12cm。

叶 叶片轮廓斜卵形，长11～14cm、宽8～10cm；叶面翠绿色，被短疏毛。

花 花被片浅粉红色至桃红色，二歧聚伞花序，着花数3～12朵。雄花直径2.8～3.0cm，外轮2被片宽卵形，内轮2被片长卵状披针形；雌花直径1.5～2.7cm，外轮2被片扁圆形，内轮被片1，长卵状披针形。

果 蒴果具近等3翅，较大翅三角形。

受威胁状况评价

数据缺乏（DD）。

引种信息

昆明植物园 2010年8月24日，李景秀、胡枭剑、崔卫华、任永权从广西临桂野外采集引种（登记号2010-73）。

物候

昆明植物园 7月18日至8月10日初花，盛花期8月23日至9月15日，9月中旬末花；果实成熟期10月下旬至12月中旬。

上海辰山植物园 10月26日盛花，11月3日末花。

迁地栽培要点

属根状茎类型，采用富含有机质、透气、排水良好的复合营养基质栽培，切忌过深，以免根状茎腐烂。由于叶片较密集，栽培基质灌水应从叶下部喷入。开花期适当增加斜射光照，并增施磷、钾肥，使植株开花数多，花大、色艳。

主要用途

室内盆栽观赏。

花序

初花植株

71
石生秋海棠

Begonia lithophila C. Y. Wu, Acta Phytotax. Sin. 33: 257. 1995.

自然分布

分布于云南石林、宜良、峨山、石屏、弥勒等地，生于海拔1670～2000m的林下阴湿石灰岩山地石壁或岩缝中。中国特有种。

鉴别特征

球状茎，掌状5深裂至中部。

迁地栽培形态特征

多年生草本，株高15～20cm。具球状地下茎，冬季地上部分枯萎休眠。

茎 地下茎球状，褐绿色，直径0.8～1.5cm，着生较多须根。

叶 叶片轮廓长卵圆形，长5～12cm、宽3～10cm，掌状5深裂至中部，裂片卵状披针形；叶面深绿色，无毛。

花 花被片桃红色，二歧聚伞花序，着花数3～5朵。雄花直径2.2～2.5cm，外轮2被片宽卵形，内轮2被片椭圆形；雌花直径1.6～2.0cm，外轮2被片阔卵形，内轮被片2、有时1，长圆形。

果 蒴果长卵形，具不等3翅，较大翅三角形。

受威胁状况评价

无危（LC）。

引种信息

昆明植物园 2000年，管开云从路南野外采集引种（登记号2000-14）。2015年9月19日，李景秀从云南弥勒野外采集引种（登记号2015-6）。

物候

昆明植物园 8月2～16日初花，盛花期8月20日至9月10日，9月下旬末花；果实成熟期11月中旬至12月中旬；12月下旬地上部分叶片枯萎进入休眠期，翌年4月中旬萌芽开始恢复生长。

迁地栽培要点

属球状茎类型，定植栽培宜浅不宜深，采用富含有机质、透气、排水良好的复合营养基质栽培。植株休眠期避免栽培基质浇水过多造成球状茎腐烂，也应注意控制节水过度导致球状茎失水死亡。开花期增施磷、钾肥，植株开花整齐数多，花大、色艳。

主要用途

室内盆栽观赏。

叶形

子房

雌雄花

开花植株

72
刘演秋海棠

Begonia liuyanii C. I. Peng et al., Bot. Bull. Acad. Sin. 46: 245. 2005.

自然分布

分布于广西龙州，生于海拔200m的林下阴湿沟谷或石壁。中国特有种。

鉴别特征

根状茎，叶片大型，花被片绿色至黄绿色。

迁地栽培形态特征

多年生常绿草本，株高35～55cm，冠幅30～40cm。

茎 根状茎匍匐粗壮，褐紫色，直径2.5～3.0cm，长8～13cm。

叶 叶片大型，轮廓长卵圆形，长15～35cm、宽12～30cm；叶面亮绿色至褐绿色，被短粗毛。

花 花被片绿色至黄绿色，二歧聚伞花序，着花数十朵。雄花直径0.9～1.2cm，外轮2被片卵状椭圆形，内轮2被片长圆形；雌花直径0.7～1.0cm，外轮2被片椭圆形或倒卵状椭圆形，内轮被片1、长圆形。

果 蒴果具近等3翅，较大翅镰状。

受威胁状况评价

易危（VU）。

引种信息

昆明植物园 2005年，税玉民从广西野外采集引种（登记号2005-14）。

桂林植物园 引种来源不详，引种编号17。

雌花

雄花

物候

昆明植物园　5月14～28日初花，盛花期6月2日至7月5日，7月中旬末花；果实成熟期9月上旬至10月中旬。

桂林植物园　5月16日初花，5月28日盛花，7月5日末花；6月28日果实成熟；翌年1月30日新芽萌动，2月10日叶片平展。

迁地栽培要点

属根状茎类型，采用富含有机质、透气、排水良好的复合营养基质栽培，切忌过深，以免根状茎腐烂。由于叶片大型，栽培基质灌水应从叶下部喷入。开花期适当增加斜射光照，并增施磷、钾肥，使植株开花数多，花色鲜艳。

主要用途

室内盆栽观赏。

子房

花序

末花植株

73
隆安秋海棠

Begonia longanensis C. Y. Wu, Acta Phytotax. Sin. 35: 54. 1997.

开花植株

自然分布

分布于广西隆安、天峨，生于海拔220～700m的林下阴湿山谷或溪沟边。中国特有种。

鉴别特征

根状茎，叶片近圆形，无毛。

迁地栽培形态特征

多年生常绿草本，株高20～35cm，冠幅40～65cm。

茎 根状茎匍匐粗壮，褐绿色，直径1.8～2.5cm，长9～12cm。

叶 叶片轮廓近圆形或宽卵形，长10～13cm、宽8～10cm；叶面褐绿色，近无毛。

花 花被片粉红色至桃红色，二歧聚伞花序，着花数4～6朵。雄花直径2.2～2.5cm，外轮2被片卵圆形，内轮2被片长圆形；雌花直径1.8～2.0cm，外轮2被片阔卵形，内轮2被片长圆形。

果 蒴果具不等3翅，较大翅三角形。

受威胁状况评价

无危（LC）。

引种信息

昆明植物园 2013年8月27日，李景秀、崔卫华从广西天峨至南丹途中野外采集引种（登记号2013-23）。

物候

昆明植物园 7月28日至8月18日初花，盛花期8月20日至9月15日，9月下旬末花；果实成熟期11月下旬至12月下旬。

迁地栽培要点

属根状茎类型，采用富含有机质、透气、排水良好的复合营养基质栽培，切忌过深，以免根状茎腐烂。由于叶片较大型，栽培基质灌水应从叶下部喷入。开花期适当增加斜射光照，并增施磷、钾肥，使植株开花数多，花大、色艳。

主要用途

室内盆栽观赏。

雌花
雄花

幼果

74
长翅秋海棠

Begonia longialata K. Y. Guan & D. K. Tian, Acta Bot. Yunnan. 22: 132. 2000.

盛花植株

自然分布

分布于云南耿马、镇康凤尾，生于海拔1200～1800m的林下阴湿山谷，路边斜坡或林下石灰岩间。中国特有种。

鉴别特征

根状茎，叶柄被紫红色条纹。

迁地栽培形态特征

多年生常绿草本，株高30～60cm，冠幅55～80cm。

茎 根状茎匍匐粗壮，略斜升，褐绿色，直径2.5～3.5cm，长10～18cm。

叶 叶片大型，轮廓近圆形，长18～22cm、宽15～20cm，掌状6～8深裂；叶柄被紫红色条纹。

花 花被片浅粉红色，二歧聚伞花序着花数6～10朵。雄花直径4.0～5.5cm，外轮2被片卵圆形，内轮2被片倒卵圆形；雌花直径3.5～5.2cm，外轮2被片宽卵形，内轮被片3，倒卵圆形或长卵形，柱头朱红色。

果 蒴果具不等3翅，较大翅长，三角形。

受威胁状况评价

数据缺乏（DD）。

引种信息

昆明植物园 1987年8月，夏德云、李景秀从云南耿马野外采集引种（登记号1987-1）。2007年7月24日，李景秀、李宏哲、季慧从云南镇康平箐野外采集引种（登记号2007-10）；同年7月25日，从云南孟定至耿马途野外采集引种（登记号2007-26）。

物候

昆明植物园 7月20日至8月3日初花，盛花期8月28日至10月16日，10月下旬末花；果实成熟期11月上旬至12月下旬。

迁地栽培要点

属根状茎类型，采用富含有机质、透气、排水良好的复合营养基质栽培，切忌过深，以免根状茎腐烂。由于叶片大型，栽培基质灌水应从叶下部喷入。开花期适当增加斜射光照，并增施磷、钾肥，使植株开花数多，花大、色艳。

主要用途

室内盆栽观赏。

雄花

叶柄紫红色斑纹

雌花

幼果

75
长果秋海棠

Begonia longicarpa K. Y. Guan & D. K. Tian, Acta Bot. Yunnan. 22: 131. 2000.

初花植株

自然分布

分布于云南河口，生于海拔90～250m的热带雨林下阴湿的沟谷、溪边。

鉴别特征

根状茎，叶片背面和叶柄密被紫红色长柔毛，蒴果棒状。

迁地栽培形态特征

多年生常绿草本，株高15～30cm，冠幅20～30cm。

茎 根状茎匍匐，紫褐色，直径1.0～1.6cm，长7～10cm。

叶 叶片轮廓长卵圆形，长8～23cm、宽5～13cm；叶片正面暗绿色，光亮无毛，背面浅绿色密被紫红色长柔毛。

花 花被片白色至浅绿色，二歧聚伞花序，着花数4～8朵，单株开花数较多。雄花直径2.5～3.2cm，外轮2被片卵圆形，内轮2被片狭长圆形；雌花直径2.2～3.0cm，外轮2被片卵圆形，内轮被片1，狭长圆形。

果 浆果状蒴果，棒状下垂。

受威胁状况评价

数据缺乏（DD）。

引种信息

昆明植物园 1997年8月，田代科从云南河口野外采集引种（登记号1997-14）。

物候

昆明植物园 11月20～30日初花，盛花期12月3～18日，12月下旬末花；果实成熟期翌年2月下旬至3月下旬。

迁地栽培要点

属根状茎类型，采用富含有机质、透气、排水良好的复合营养基质栽培，切忌过深，以免根状茎腐烂。由于叶片较大、密集，栽培基质灌水应从叶下部喷入。开花期适当增加斜射光照，并增施磷、钾肥，使植株开花数多，花大、色艳。

主要用途

室内盆栽观赏。

花序

雌花及子房

幼果

雄花

76
粗喙秋海棠

Begonia longifolia Blume, Catalogus, 102. 1823.

盛花植株

自然分布

分布于云南南部、东南部，广东，海南，湖南，江西，生于海拔600～2200m的常绿阔叶林下阴湿的山谷或路边土坎、斜坡。

鉴别特征

直立茎，花被片白色，叶片轮廓卵状披针形。

迁地栽培形态特征

多年生常绿草本，株高50～65cm，冠幅30～45cm。

茎 地上茎直立粗壮，绿色，直径1.2～1.6cm，高40～50cm。

叶 叶片轮廓卵状披针形，长10～16cm、宽3.5～6cm；叶面褐绿色，无毛。

花 花被片白色，二歧聚伞花序，着花数4～10朵。雄花直径1.8～2.2cm，外轮2被片宽倒卵形或近圆形，内轮2被片广椭圆形；雌花直径2.8～3.5cm，花被片5或6，倒卵形。

果 浆果状蒴果，近球形，具4棱。

雌雄花

受威胁状况评价

无危（LC）。

引种信息

昆明植物园 2000年2月10日，李景秀从云南西双版纳勐仑野外采集引种（登记号2000-1）。2011年7月31日，李景秀、崔卫华从海南野外采集引种（登记号2011-8）。

桂林植物园 引种来源不详，引种编号18。

物候

昆明植物园 8月2～17日初花，盛花期8月25日至9月12日，9月下旬末花；果实成熟期11月下旬至12月下旬。

桂林植物园 8月9日花序形成，8月23日初花，8月30日盛花，9月29日末花；翌年1月30日新芽萌动，2月10日至3月5日叶片平展。

营养生长幼株

迁地栽培要点

属直立茎类型，栽培过程中应注意摘心、控制顶端优势，促进侧茎生长，调整株形。采用富含有机质、透气、排水良好的复合营养基质栽培，植株生长发育期适当增施磷、钾肥，使直立茎健壮生长，提高植株的抗倒伏能力。

主要用途

室内盆栽或庭园栽培观赏。全草入药可凉血解毒，消肿止痛。

77
长柱秋海棠

Begonia longistyla Y. M. Shui & W. H. Chen, Acta Bot. Yunnan. 27: 367. 2005.

开花植株

自然分布

分布于云南个旧、河口，生于海拔250～500m的季雨林下阴湿沟谷石灰岩间或石壁。中国特有种。

鉴别特征

根状茎，叶面密被瘤基刚毛，花被片绿色至黄绿色。

迁地栽培形态特征

多年生常绿草本，株高10～15cm，冠幅15～22cm。

茎 根状茎匍匐，褐紫色，直径7～12mm，长6～10cm。

叶 叶片轮廓卵圆形，长6～10cm、宽4～6cm；叶面褐绿色至褐紫色，密被瘤基刚毛，幼时刚毛紫红色，具银绿色斑点。

花 花被片绿色至黄绿色，外轮被片略带紫红色，二歧聚伞花序，着花数6～10朵，单株开花数极多。雄花直径0.6～1.0cm，外轮2被片近圆形，内轮2被片倒卵形；雌花直径0.5～1.0cm，外轮2被片圆形，内轮被片1，倒卵形。

果 蒴果下垂，具近等3翅，镰状。

受威胁状况评价

近危（NT）。

引种信息

昆明植物园 2009年4月1日，李景秀、胡枭剑、杨丽华从云南个旧野外采集引种（登记号2009-66）。

物候

昆明植物园 4月2～8日初花，盛花期4月10日至5月6日，5月下旬末花；果实成熟期7月中旬至8月下旬。

迁地栽培要点

属根状茎类型，采用富含有机质、透气、排水良好的复合营养基质栽培，切忌过深，以免根状茎腐烂。由于叶片较大、匍匐，栽培基质灌水应从叶下部喷入。开花期适当增加斜射光照，并增施磷、钾肥，使植株开花数多，花色鲜艳。

主要用途

室内盆栽观赏。

雄花

雌花

78
罗城秋海棠

Begonia luochengensis S. M. Ku et al., Bot. Bull. Acad. Sin. 45: 357. 2004.

保存植株

自然分布

分布于广西罗城，生于海拔250m的林下阴湿山谷或石壁。中国特有种。

鉴别特征

根状茎，叶面沿主脉两侧具银绿色条形斑纹。

迁地栽培形态特征

多年生常绿草本，株高20~40cm，冠幅30~50cm。

茎 根状茎匍匐粗壮，褐绿色，直径1.3~2.0cm，长10~18cm。

叶 叶片轮廓斜卵形，长10~20cm、宽8~12cm；叶面深绿色，密被短柔毛，有时具紫褐色斑纹，沿主脉两侧镶嵌鲜艳的银绿色条形斑纹。

花 花被片桃红色，外侧绯红色，二歧聚伞花序着花数4~16朵，单株开花数较多。雄花直径2.5~3.5cm，外轮2被片阔卵形，内轮2被片长圆形；雌花直径2~3cm，外轮2被片卵圆形，内轮被片1，长圆形。

果 蒴果具不等3翅，较大翅三角形。

受威胁状况评价

近危（NT）。

引种信息

昆明植物园 2008年8月18日，李宏哲、胡枭剑、杨丽华从广西罗城野外采集引种（登记号2008-52、2008-53）。

桂林植物园 引自广西罗城，引种编号19。

物候

昆明植物园 6月16~30日初花，盛花期7月8~28日，9月上旬末花；果实成熟期9月下旬至10月下旬。

桂林植物园 8月29日花序形成，10月11日初花，10月28日盛花，12月7日末花；10月30日至翌年2月15日果实成熟；1月4日新芽萌动，1月12日叶片平展。

迁地栽培要点

属根状茎类型，采用富含有机质、透气、排水良好的复合营养基质栽培，切忌过深，以免根状茎腐烂。由于叶片数多、密集，栽培基质灌水应从叶下部喷入。开花期适当增加斜射光照，并增施磷、钾肥，使植株开花数多，花大、色艳。

主要用途

室内盆栽观赏。

雄花　叶片斑纹　雌花　子房

79
鹿寨秋海棠

Begonia luzhaiensis T. C. Ku, Acta Phytotax. Sin. 37: 287. 1999.

保存植株盛花

自然分布

分布于广西鹿寨、阳朔等地，生于海拔180～240m的林下阴湿的石灰岩间或路边土坎、石壁。中国特有种。

鉴别特征

根状茎，叶面具紫褐色斑纹。

迁地栽培形态特征

多年生常绿草本，株高15～30cm，冠幅32～45cm。

茎 根状茎匍匐粗壮，褐绿色，直径0.8～1.6cm，长8～13cm。

叶 叶片轮廓宽卵形至近圆形，长8～12cm、宽6～9cm；叶面深绿色，沿脉被疏硬毛，具紫褐色斑纹。

花 花被片白色至桃红色，二歧聚伞花序，着花数8～14朵，单株开花数极多。雄花直径2.5～3.0cm，外轮2被片宽卵形，内轮2被片长圆形；雌花直径1.2～2.0cm，外轮2被片扁圆形，内轮被片1、有时无，倒卵形。

果 蒴果，具近等3翅，较大翅镰状。

受威胁状况评价

无危（LC）。

引种信息

昆明植物园 2002年6月3日，李宏哲从广西野外采集引种（登记号2002-9）。2013年8月29日，李景秀、崔卫华从广西阳朔城西野外采集引种（登记号2013-24），从中国科学院广西植物研究所引种栽培（登记号2013-51）。

桂林植物园 引种来源不详，引种编号20。

物候

昆明植物园 5月3～15日初花，盛花期5月20日至6月28日，7月上中旬末花；果实成熟期9月中旬至10月下旬。

桂林植物园 5月14日初花，6月13日盛花，10月22日末花；11月14日至12月20日果实成熟；翌年1月4日新芽萌动，1月10日叶片平展。

上海辰山植物园 10月26日末花。

迁地栽培要点

属根状茎类型，采用富含有机质、透气、排水良好的复合营养基质栽培，切忌过深，以免根状茎腐烂。由于叶片数多密集，栽培基质灌水应从叶下部喷入。开花期适当增加斜射光照，并增施磷、钾肥，使植株开花数多，花色鲜艳。

主要用途

室内盆栽观赏。

叶片斑纹

雄花

雌花

80
大裂秋海棠

Begonia macrotoma Irmscher, Notes Roy. Bot. Gard. Edinburgh 21: 41. 1951.

自然分布

分布于云南耿马、双江、澜沧、江城，生于海拔1200~2350m的林下阴湿山谷、路边斜坡或溪沟边。

鉴别特征

根状茎，叶片疏生短刚毛，掌状5~6深裂。

迁地栽培形态特征

多年生常绿草本，株高25~60cm，冠幅50~65cm。

茎 根状茎匍匐粗壮，略斜升，褐绿色，直径2.0~3.5cm，长10~18cm。

叶 叶片大型，轮廓长圆形，长、宽11~15cm，掌状5~6深裂；叶面深绿色，疏生短刚毛。

花 花被片粉红色至桃红色，二歧聚伞花序，着花数6~10朵。雄花直径2.0~2.5cm，外轮2被片广椭圆形，内轮2被片椭圆形；雌花直径2.0~2.2cm，外轮2被片广椭圆形，内轮被片1，椭圆形。

果 蒴果具不等3翅，较大翅长圆形。

受威胁状况评价

数据缺乏（DD）。

引种信息

昆明植物园 2000年4月13日，李景秀、向建英从云南耿马野外采集引种（登记号2000-6）。2007年7月25日，李景秀、李宏哲、季慧从云南耿马野外采集引种（登记号2007-27）。

物候

昆明植物园 9月3~18日初花，盛花期9月28日至10月24日，11月上旬末花；果实成熟期12月下旬至翌年2月。

迁地栽培要点

属根状茎类型，采用富含有机质、透气、排水良好的复合营养基质栽培，切忌过深，以免根状茎腐烂。由于叶片大型，栽培基质灌水应从叶下部喷入。开花期适当增加斜射光照，并增施磷、钾肥，使植株花大、色艳。

主要用途

室内盆栽观赏。

雌花
幼果
保存植株现蕾
营养生长植株

81
麻栗坡秋海棠

Begonia malipoensis S. H. Huang & Y. M. Shui, Acta Bot. Yunnan. 16: 333. 1994.

初花植株

自然分布

分布于云南麻栗坡，生于海拔1300m的林下阴湿山谷或路边灌丛中。中国特有种。

鉴别特征

根状茎，叶面被糙毛，有时嵌白色斑纹。

迁地栽培形态特征

多年生常绿草本，株高20～35cm，冠幅20～32cm。

茎 根状茎匍匐，紫褐色，直径1.1～1.8cm，长7～12cm。

叶 叶片轮廓斜卵形，长9～11cm、宽7～8cm；叶面绿色被糙毛，有时嵌白色斑纹。

花 花被片玫红色，二歧聚伞花序，着花数较多。雄花直径1.5～2.2cm，外轮2被片宽椭圆形，内轮2被片卵状长圆形；雌花直径1.2～2.0cm，外轮2被片倒卵状长圆形，内轮2被片长圆形。

果 蒴果具不等3翅，较大翅长圆形。

受威胁状况评价

无危（LC）。

引种信息

昆明植物园 1998年11月8日，田代科从云南东南部野外采集引种（登记号1998-16）。

物候

昆明植物园 6月13～27日初花，盛花期7月4日至8月18日，8月下旬末花；果实成熟期9月下旬至11月下旬。

上海辰山植物园 2月14日盛花，5月5日末花；4月11日新芽萌动。

迁地栽培要点

属根状茎类型，采用富含有机质、透气、排水良好的复合营养基质栽培，切忌过深，以免根状茎腐烂。由于叶片数多密集，栽培基质灌水应从叶下部喷入。开花期适当增加斜射光照，并增施磷、钾肥，使植株开花数多，花大、色艳。

主要用途

室内盆栽观赏。

雌花

雄花蕾

82
蛮耗秋海棠

Begonia manhaoensis S. H. Huang & Y. M. Shui, Acta Bot. Yunnan. 21: 21. 1999.

保存植株

自然分布

分布于云南个旧蔓耗、绿春、金平、镇康，生于海拔350～700m的季雨林下阴湿的山谷，路边斜坡或岩石缝隙中。中国特有种。

鉴别特征

根状茎，叶面被白色短柔毛，叶柄具凹槽。

迁地栽培形态特征

多年生常绿草本，株高25～35cm，冠幅40～56cm。

茎 根状茎匍匐粗壮，褐绿色，直径1.5～2.2cm，长8～12cm。

叶 叶片轮廓长卵圆形，长15～20cm、宽11～15cm；叶面深绿色，被白色短柔毛。

花 花被片浅粉红色至白色，二歧聚伞花序，着花数6～8朵。雄花直径3.0～3.5cm，外轮2被片阔卵形，内轮2被片长圆形；雌花直径2.0～2.5cm，花被片4，长椭圆形。

果 蒴果具不等3翅，较大翅长圆形。

受威胁状况评价

近危（NT）。

引种信息

昆明植物园 2007年8月2日，李景秀、李宏哲、季慧从云南镇康野外采集引种（登记号2007-4）。2009年4月10日，李景秀、胡枭剑、杨丽华从云南个旧野外采集引种（登记号2009-21）。

物候

昆明植物园 8月18日至9月17日初花，盛花期9月25日至10月16日，10月下旬末花；果实成熟期11月中旬至12月下旬。

迁地栽培要点

属根状茎类型，采用富含有机质、透气、排水良好的复合营养基质栽培，切忌过深，以免根状茎腐烂。由于叶片较大、密集，栽培基质灌水应从叶下部喷入。开花期适当增加斜射光照，并增施磷、钾肥，使植株开花数多，花大、色艳。

主要用途

室内盆栽观赏。

雌花

雄花

成熟果实

83
铁甲秋海棠

Begonia masoniana Irmscher ex Ziesenhenne, Begonian 38: 52. 1971.

自然分布

分布于广西大新、凭祥，生于海拔170～290m的林下阴湿石灰岩间。

鉴别特征

根状茎，叶面具紫褐色掌状斑纹，密被锥状长硬毛。

迁地栽培形态特征

多年生常绿草本，株高25～40cm，冠幅35～45cm。

茎 根状茎匍匐，紫褐色，直径1.0～2.2cm，长6～13cm。

叶 叶片轮廓近圆形或斜卵圆形，长10～25cm、宽9～20cm；叶面深绿色具紫褐色掌状斑纹，密被锥状长硬毛。

花 花被片黄色至浅黄绿色，二歧聚伞花序，着花数8～12朵。雄花直径1.8～2.0cm，外轮2被片扁圆形，内轮2被片倒卵圆形；雌花直径1.2～1.5cm，外轮2被片扁圆形，内轮被片1，倒卵状三角形。

果 蒴果圆球形，较小，具近等3翅，镰状。

受威胁状况评价

易危（VU）。

引种信息

昆明植物园 1975年，夏德云、冯桂华从广西野外采集引种（登记号1975-1）。

桂林植物园 引种来源不详，引种编号21。

物候

昆明植物园 6月29日至7月22日初花，盛花期8月25日至9月16日，9月下旬末花；果实成熟期10月下旬至12月中旬。

桂林植物园 6月8日初花，6月18日盛花，8月26日末花；8月20日果实成熟；12月23日新芽萌动，翌年1月5日叶片平展。

迁地栽培要点

属根状茎类型，采用富含有机质、透气、排水良好的复合营养基质栽培，切忌过深，以免根状茎腐烂。由于叶片较大型，栽培基质灌水应从叶下部喷入。开花期适当增加斜射光照，并增施磷、钾肥，使植株开花数多、色艳。

主要用途

室内盆栽观赏。

雌花

雄花

花序

84 大叶秋海棠

Begonia megalophyllaria C. Y. Wu, Acta Phytotax. Sin. 33: 272. 1995.

营养生长植株

自然分布

分布于云南屏边、河口，生于海拔900～1000m的常绿阔叶林下阴湿山谷或溪沟边。中国特有种。

鉴别特征

根状茎，叶片大型，卵圆形。

迁地栽培形态特征

多年生常绿草本，株高35～70cm，冠幅40～60cm。

茎 根状茎匍匐粗壮，褐色，直径2.0～4.0cm，长6～12cm。

叶 叶片大型，轮廓扁圆形或卵圆形，长25～30cm、宽20～25cm；叶面褐绿色，无毛。

花 花被片白色至粉红色，二歧聚伞花序，着花数3～6朵。雄花直径2.5～3.2cm，外轮2被片宽卵形，内轮2被片长圆形；雌花直径1.8～2.2cm，外轮2被片阔倒卵形，内轮被片2，长圆形。

果 蒴果具不等3翅，较大翅长圆形。

受威胁状况评价

易危（VU）。

引种信息

昆明植物园 2009年3月29日，李景秀、胡枭剑、杨丽华从云南河口野外采集引种（登记号2009-58）。

物候

昆明植物园 7月12～28日初花，盛花期8月4～31日，9月上旬末花；果实成熟期10月下旬至12月上旬。

迁地栽培要点

属根状茎类型，采用富含有机质、透气、排水良好的复合营养基质栽培，切忌过深，以免根状茎腐烂。由于叶片大型，栽培基质灌水应从叶下部喷入。开花期适当增加斜射光照，并增施磷、钾肥，使植株开花数多，花大、色艳。

主要用途

室内盆栽观赏。

叶片

叶柄

85
孟连秋海棠

Begonia menglianensis Y. Y. Qian, Acta Phytotax. Sin. 39(5):461-463. 2001.

初花植株

盛花植株

自然分布

分布于云南孟连、西盟，生于海拔900～1000m的林下阴湿山坡或石灰岩间。

鉴别特征

根状茎，叶片近圆形，叶脉及叶柄密被紫红色长柔毛。

迁地栽培形态特征

多年生常绿草本，株高15～25cm，冠幅15～30cm。

茎 根状茎匍匐，紫褐色，直径8～12mm，长6～10cm。

叶 叶片轮廓卵圆形或近圆形，长8～12cm、宽6～10cm；叶面褐绿色，近无毛；叶背面浅绿色，叶脉及叶柄紫褐色，密被紫红色长柔毛。

花 花被片浅桃红色，二歧聚伞花序，着花数6～8朵，单株开花数极多。雄花直径3.0～3.8cm，外轮2被片外侧被紫红色刚毛，阔卵形，内轮2被片倒圆形；雌花直径3.0～3.5cm，花被片5，倒卵形各异，外轮被片外侧被紫红色刚毛。

果 蒴果具不等3翅，较大翅长圆形。

受威胁状况评价

数据缺乏（DD）。

引种信息

昆明植物园　2007年7月28日，李景秀、李宏哲、季慧从云南西盟新县城郊野外采集引种（登记号2007-18）。

物候

昆明植物园　11月25日至12月6日初花，盛花期12月12日至1月6日，1月下旬末花；果实成熟期翌年3月中旬至4月下旬。

迁地栽培要点

属根状茎类型，采用富含有机质、透气、排水良好的复合营养基质栽培，切忌过深，以免根状茎腐烂。由于叶片较大密集，栽培基质灌水应从叶下部喷入。开花期适当增加斜射光照，并增施磷、钾肥，使植株开花数多，花大、色艳。

主要用途

室内盆栽观赏。

雄花　雌花　子房　叶背

86
蒙自秋海棠

Begonia mengtzeana Irmscher, Mitt. Inst. Allg. Bot. Hamburg 10: 536. 1939.

自然分布

分布于云南蒙自、金平分水岭、元阳，生于海拔1750～2300m的密林下阴湿沟谷、路边土坎或岩石上。中国特有种。

鉴别特征

直立茎，托叶肾形，叶面有时被银白色斑点。

迁地栽培形态特征

多年生常绿草本，株高15～60cm，冠幅20～30cm。

茎 地上茎直立，褐紫色，直径8～12mm，茎高15～50cm。

叶 叶片轮廓卵形，长6～11cm、宽4～10cm；叶面深绿色，沿脉疏生短刚毛，有时被银白色斑点，掌状3～6浅裂，托叶肾形。

花 花被片白色，二歧聚伞花序，着花数6～10朵。雄花直径3.5～4.5cm，外轮2被片广椭圆形，内轮2被片倒卵形；雌花直径1.8～2.2cm，外轮2被片广椭圆形，内轮被片3，长椭圆形。

果 蒴果具不等3翅，较大翅三角形。

受威胁状况评价

易危（VU）。

引种信息

昆明植物园 1998年8月27日，田代科从云南蒙自野外采集引种（登记号1998-17）。

物候

昆明植物园 11月10～26日初花，盛花期12月3～26日，1月中旬末花；果实成熟期翌年2月中旬至3月下旬。

迁地栽培要点

属直立茎类型，栽培过程中应注意摘心、控制顶端优势，促进侧茎生长，调整株形。采用富含有机质、透气、排水良好的复合营养基质栽培，植株生长发育期适当增施磷、钾肥，使直立茎健壮生长，提高植株的抗倒伏能力。

主要用途

室内盆栽或庭园栽培观赏。

雄花
雌花
托叶
叶片无斑型
保存植株

87
截裂秋海棠

Begonia miranda Irmscher, Notes Roy. Bot. Gard. Edinburgh 21: 36. 1951.

自然分布

分布于云南屏边、金平、绿春，生于海拔1200～1600m的常绿阔叶林下阴湿的山谷或岩石上。

鉴别特征

根状茎，叶柄密被倒生的披针形鳞片状毛状体。

迁地栽培形态特征

多年生常绿草本，株高25～50cm，冠幅30～60cm。

茎 根状茎匍匐粗壮，紫褐色，直径1.8～2.5cm，长9～13cm。

叶 叶片大型，轮廓卵圆形至近圆形，长17～20cm、宽15～18cm，掌状5～6深裂；叶面褐绿色，叶柄密被倒生的披针形鳞片状毛状体。

花 花被片白色或粉红色，二歧聚伞花序，着花数4～6朵。雄花直径3.0～4.2cm，外轮2被片宽卵形，内轮2被片长圆形；雌花直径2.8～3.2cm，外轮2被片近圆形，内轮被片3，长圆形。

果 蒴果具不等3翅，较大翅长圆形。

受威胁状况评价

数据缺乏（DD）。

引种信息

昆明植物园 1997年12月29日，田代科从云南东南部野外采集引种（登记号1997-16）。

物候

昆明植物园 6月24日至7月7日初花，盛花期7月16～30日，8月上旬末花；果实成熟期10月中旬至11月上旬。

迁地栽培要点

属根状茎类型，采用富含有机质、透气、排水良好的复合营养基质栽培，切忌过深，以免根状茎腐烂。由于叶片较大型，栽培基质灌水应从叶下部喷入。开花期适当增加斜射光照，并增施磷、钾肥，使植株开花数多，花大、色艳。

主要用途

室内盆栽观赏。

雄花

雌花

叶柄毛被

子房

营养生长植株

88
桑叶秋海棠

Begonia morifolia T. T. Yu, Bull. Fan Mem. Inst. Biol., n.s., 1: 119. 1948.

保存植株初花

自然分布

分布于云南西畴、麻栗坡，生于海拔1300m的林下阴湿山谷或溪沟边。中国特有种。

鉴别特征

直立茎，花被片白色，叶片卵形。

迁地栽培形态特征

多年生常绿草本，株高20~45cm，冠幅25~50cm。

茎 地上茎直立，褐绿色，直径6~12mm，茎高15~40cm。

叶 叶片轮廓卵形，长6.5~8.5cm、宽4~4.5cm；叶面深绿色，无毛。

花 花被片白色，聚伞花序，着花数2～4朵，腋生。雄花直径2.5～3.2cm，外轮2被片卵形，内轮2被片椭圆形；雌花直径2.2～2.8cm，外轮2被片宽卵形，内轮2被片椭圆形。

果 蒴果具不等3翅，较大翅镰状。

受威胁状况评价

近危（NT）。

引种信息

昆明植物园 2009年4月7日，李景秀、胡枭剑、杨丽华从云南麻栗坡野外采集引种（登记号2009-45）。

物候

昆明植物园 12月10～18日初花，盛花期12月25日至翌年1月20日，1月下旬末花；果实成熟期3月下旬至4月下旬。

迁地栽培要点

属直立茎类型，栽培过程中应注意摘心、控制顶端优势，促进侧茎生长，调整株形。采用富含有机质、透气、排水良好的复合营养基质栽培，植株生长发育期适当增施磷、钾肥，使直立茎健壮生长，提高植株的抗倒伏能力。

主要用途

室内盆栽或庭园栽培观赏。

雄花

雌花

子房

89
龙州秋海棠

Begonia morsei Irmscher, Mitt. Inst. Allg. Bot. Hamburg 10: 554. 1939.

开花植株

自然分布

分布于广西龙州，生于海拔200m的林下阴湿石壁或石灰岩洞内石壁。中国特有种。

鉴别特征

根状茎，叶片具银绿色条形或点状斑纹。

迁地栽培形态特征

多年生常绿草本，株高15～30cm，冠幅30～60cm。

茎 根状茎匍匐粗壮，褐绿色，直径1.0～2.2cm，长8～14cm。

叶 叶片轮廓宽卵形或斜卵圆形，长5～12cm、宽4～10cm；叶面褐绿色，密被锉状短柔毛，具银绿色条形或点状斑纹。

花 花被片浅粉红色至粉红色，二歧聚伞花序，着花数5～12朵，单株开花数较多。雄花直径1.8～2.0cm，外轮2被片宽卵形或近圆形，内轮2被片倒卵状长圆形；雌花直径1.2～2.5cm，外轮2被片宽卵形，内轮被片1，倒卵形。

果 蒴果圆球形，具近等3翅，较大翅镰状。

受威胁状况评价

数据缺乏（DD）。

引种信息

昆明植物园 2002年6月27日，税玉民从广西野外采集引种（登记号2002-10）。

物候

昆明植物园 5月4～12日初花，盛花期5月15日至6月28日，7月上旬末花；果实成熟期8月下旬至10月中旬。

迁地栽培要点

属根状茎类型，采用富含有机质、透气、排水良好的复合营养基质栽培，切忌过深，以免根状茎腐烂。由于叶片较大、密集，栽培基质灌水应从叶下部喷入。开花期适当增加斜射光照，并增施磷、钾肥，使植株开花数多，花大、色艳。

主要用途

室内盆栽观赏。

雌花

雄花

90
木里秋海棠

Begonia muliensis T. T. Yu, Bull. Fan Mem. Inst. Biol., n.s., 1: 119. 1948.

营养生长植株

自然分布

分布于四川木里，云南香格里拉等地；生于海拔1800～2600m的林下阴湿岩石壁或溪边。中国特有种。

鉴别特征

球状茎，叶片掌状浅裂，具紫色或白色斑纹。

迁地栽培形态特征

多年生草本，株高15～32cm。具球状地下茎，冬季地上部分枯萎休眠。

茎 地下茎球状，褐绿色，直径1.5～3.0cm，着生多条须根。

叶 叶片轮廓卵圆形，长12～15cm、宽8～12cm，掌状浅裂；叶面绿色，被疏柔毛，镶嵌紫色或白色斑纹。

花 花被片白色至粉红色，二歧聚伞花序，着花数极多，20至数十朵。雄花直径1.6～2cm，外轮2被片卵圆形，内轮2被片长卵形；雌花直径1.2～1.6cm，外轮2被片卵圆形，内轮被片1，倒卵状长圆形。

果 蒴果具不等3翅，较大翅三角形。

受威胁状况评价

无危（LC）。

引种信息

昆明植物园 1996年，管开云从四川盐边野外采集引种（登记号1996-11）。2017年，角向东从四川盐边野外采集引种（登记号2017-5）。

物候

昆明植物园 8月22日至9月2日初花，盛花期9月5～27日，10月上旬末花；果实成熟期11月中旬至12月中旬。12月下旬植株地上部分枯萎进入休眠期，翌年4月中旬萌芽开始恢复生长。

迁地栽培要点

属球状茎类型，定植栽培宜浅不宜深，采用富含有机质、透气、排水良好的复合营养基质栽培。植株休眠期避免栽培基质浇水过多造成球状茎腐烂，也应注意控制节水过度导致球状茎失水死亡。开花期增施磷、钾肥，植株开花整齐数多，花大、色艳。

主要用途

室内盆栽观赏。

雄花

雌花

91
宁明秋海棠

Begonia ningmingensis D. Fang et al., Bot. Stud. 47: 97. 2006.

营养生长植株

自然分布

分布于广西崇左、宁明，生于海拔175～300m的林下阴湿石灰岩石壁或岩缝中。中国特有种。

鉴别特征

根状茎，叶片轮廓斜卵形，沿掌状脉具银白色斑纹。

迁地栽培形态特征

多年生常绿草本，株高15～20cm，冠幅12～20cm。

茎 根状茎匍匐，紫褐色，直径7～10mm，长8～12cm。

叶 叶片轮廓斜卵形，长8～12cm、宽5～8cm；叶面绿色或紫褐色密被短柔毛，沿掌状脉具银白色斑纹。

花 花被片桃红色或极浅的粉红色，二歧聚伞花序，着花数8～12朵。雄花直径2.0～3.5cm，外轮2被片宽卵形或倒卵圆形，内轮2被片长卵形；雌花直径1.5～2.5cm，外轮2被片倒卵圆形，内轮被片1，长卵形。

果 蒴果具近等3翅，较大翅镰状。

受威胁状况评价

无危（LC）。

引种信息

昆明植物园 2010年8月24日，李景秀、胡枭剑、崔卫华、任永权从广西崇左野外采集引种（登记号2010-83）。2013年9月1日，李景秀、崔卫华从前述同一地点野外采集引种（登记号2013-40）。

桂林植物园 引种来源不详，引种编号22。

物候

昆明植物园 7月25日至8月6日初花，盛花期8月10日至9月2日，9月上旬末花；果实成熟期10月下旬至11月下旬。

桂林植物园 9月14日初花，9月30日盛花，11月10日末花；11月26日果实成熟；翌年1月4日新芽萌动，1月10日叶片平展。

迁地栽培要点

属根状茎类型，采用富含有机质、透气、排水良好的复合营养基质栽培，切忌过深，以免根状茎腐烂。由于叶片较密集，栽培基质灌水应从叶下部喷入。开花期适当增加斜射光照，并增施磷、钾肥，使植株开花数多，花大、色艳。

主要用途

室内盆栽观赏。

雄花

雌花

92
丽叶秋海棠

Begonia ningmingensis var. ***bella*** D. Fang et al., Bot. Stud. 47: 101. 2006.

结实植株

自然分布

分布于广西大新，生于海拔230～250m的林下阴湿石壁或石缝中。

鉴别特征

根状茎，叶片近圆形，沿掌状脉具银白色斑纹。

迁地栽培形态特征

多年生常绿草本，株高8～16cm，冠幅10～15cm。

茎 根状茎匍匐，紫褐色，直径6～8mm，长7～10cm。

叶 叶片轮廓近圆形，长8～10cm、宽4～6cm；叶片正面褐绿色或紫褐色，背面鲜紫红色，沿掌状脉具银白色斑纹。

花 花被片浅桃红色，二歧聚伞花序着花数4～6朵。雄花直径1.5～2.0cm，外轮2被片倒卵圆形，内轮2被片长卵圆形；雌花直径1.0～1.2cm，外轮2被片宽卵形，内轮被片1，长卵圆形。

果 蒴果具近等3翅，较大翅镰状。

受威胁状况评价

数据缺乏（DD）。

引种信息

昆明植物园 2013年9月4日，李景秀、崔卫华从广西大新野外采集引种（登记号2013-13）。

物候

昆明植物园 8月2～13日初花，盛花期8月15日至9月4日，9月中旬末花；果实成熟期11月下旬至12月中旬。

迁地栽培要点

属根状茎类型，采用富含有机质、透气、排水良好的复合营养基质栽培，切忌过深，以免根状茎腐烂。由于叶片匍匐密集，栽培基质灌水应从叶下部喷入。开花期适当增加斜射光照，并增施磷、钾肥，使植株开花数多、色艳。

主要用途

室内盆栽观赏。

叶片正反面

雌花

幼果

93
不显秋海棠

Begonia obsolescens Irmscher, Notes Roy. Bot. Gard. Edinburgh 21: 37. 1951.

营养生长植株

自然分布

分布于云南西畴、麻栗坡、金平等地，生于海拔1200～1650m的常绿阔叶林下阴湿山谷草丛中、岩石间或溪沟边。

鉴别特征

根状茎，叶片宽卵形，被短柔毛。

迁地栽培形态特征

多年生常绿草本，株高12～25cm，冠幅10～25cm。

茎 根状茎匍匐，褐绿色，直径6～10mm，长8～12cm。

叶 叶片轮廓宽卵形，长5～11cm、宽4～6.5cm；叶面绿色，疏被短柔毛。

花 花被片粉红色至桃红色，二歧聚伞花序，着花数4～6朵，单株开花数极多。雄花直径2.2～2.8cm，外轮2被片宽卵形，内轮2被片椭圆形；雌花直径2.0～2.5cm，外轮2被片倒卵形，内轮被片2、有时3，长卵形。

果 蒴果具不等3翅，较大翅三角形。

受威胁状况评价

数据缺乏（DD）。

引种信息

昆明植物园 1997年从云南东南部野外采集引种（登记号1997-17）。2006年7月10日，李景秀、马宏从云南西畴野外采集引种（登记号2006-14）。2009年4月8日，李景秀、胡枭剑、杨丽华从云南西畴野外采集引种（登记号2009-52）。2017年7月10日，李景秀、田玉清从云南西畴野外采集引种（登记号2017-3）。

物候

昆明植物园 3月5～17日初花，盛花期3月24日至4月18日，4月下旬末花；果实成熟期6月下旬至7月下旬。

迁地栽培要点

属根状茎类型，采用富含有机质、透气、排水良好的复合营养基质栽培，切忌过深，以免根状茎腐烂。由于叶片密集，栽培基质灌水应从叶下部喷入。开花期适当增加斜射光照，并增施磷、钾肥，使植株开花数多，花色鲜艳。

主要用途

室内盆栽观赏。

叶片扦插成苗

盛花植株

94
山地秋海棠

Begonia oreodoxa Chun & F. Chun ex C. Y. Wu & T. C. Ku, Acta Phytotax. Sin. 33: 274. 1995.

初花植株

自然分布

分布于云南屏边等地，生于海拔800～1200m的密林下阴湿的山谷或溪沟边岩石缝隙中。中国特有种。

鉴别特征

根状茎，花被片浅粉红色，外侧略带紫红色。

迁地栽培形态特征

多年生常绿草本，株高18～25cm，冠幅18～27cm。

茎 根状茎匍匐，褐绿色，直径1.0～1.5cm，长7～12cm。

叶 叶片轮廓宽卵形，长11～13.5cm、宽8～10cm；叶面暗绿色，密被褐色长硬毛。

花 花被片浅粉红色，外侧略带紫红色，二歧聚伞花序，着花数4～8朵，单株开花数十朵。雄花直径2.5～2.8cm，外轮2被片宽卵形，内轮2被片倒卵形；雌花直径2.0～2.5cm，外轮2被片扁圆形，内轮2被片长圆形。

果 蒴果具不等3翅，较大翅镰状或长圆形。

受威胁状况评价

无危（LC）。

引种信息

昆明植物园 2005年5月29日，李宏哲、马宏从云南屏边野外采集引种（登记号2005-9）。2009年3月26日，李景秀、胡枭剑、杨丽华从云南屏边至河口途中野外采集引种（登记号2009-37）。

物候

昆明植物园 3月15~27日初花，盛花期4月2~24日，4月下旬末花；果实成熟期6月中旬至7月下旬。

迁地栽培要点

属根状茎类型，采用富含有机质、透气、排水良好的复合营养基质栽培，切忌过深，以免根状茎腐烂。由于叶片较大、密集，栽培基质灌水应从叶下部喷入。开花期适当增加斜射光照，并增施磷、钾肥，使植株开花数多，花大、色艳。

主要用途

室内盆栽观赏。

雄花

雌花

盛花植株

95
鸟叶秋海棠

Begonia ornithophylla Irmscher, Mitt. Inst. Allg. Bot. Hamburg 10: 556. 1939.

开花植株

自然分布

分布于广西龙州、大新，生于海拔180～620m的林下阴湿石壁。中国特有种。

鉴别特征

根状茎，叶片长卵状披针形，近厚革质。

迁地栽培形态特征

多年生常绿草本，株高20～35cm，冠幅18～36cm。

茎 根状茎匍匐粗壮，略斜升，褐绿色，直径1.2～1.6cm，长10～18cm。

叶 叶片轮廓长卵状披针形，长9～14cm、宽4.5～6.5cm；叶面褐绿色，被疏短毛，近厚革质。

花 花被片粉红色至浅粉红色，二歧聚伞花序，着花数16～20朵，单株开花数较多。雄花直径2.5～3.5cm，外轮2被片宽卵形，内轮2被片倒卵状长圆形；雌花直径2.2～2.5cm，外轮2被片宽卵形，内轮被片1，长圆形。

果 蒴果圆球形，具近等3翅，较大翅镰状。

受威胁状况评价

无危（LC）。

引种信息

昆明植物园 2010年2月27日，中田政司、兼本正、鲁元学、胡枭剑从广西大新野外采集引种（登记号2010-4）。

桂林植物园 引种来源不详，引种编号24。

物候

昆明植物园 2月10～28日初花，盛花期3月5～27日，4月上旬末花；果实成熟期5月下旬至6月下旬。

桂林植物园 8月26日初花，9月20日盛花，10月21日末花；翌年1月6日新芽萌动，2月28日叶片平展。

迁地栽培要点

属根状茎类型，采用富含有机质、透气、排水良好的复合营养基质栽培，切忌过深，以免根状茎腐烂。由于叶片较大，栽培基质灌水应从叶下部喷入。开花期适当增加斜射光照，并增施磷、钾肥，使植株开花数多，花大、色艳。

主要用途

室内盆栽观赏。

雌花

雄花

96
红孩儿

Begonia palmata var. ***bowringiana*** (Champion ex Bentham) Golding & Karegeannes, Phytologia 54: 494. 1984.

自然分布

分布于云南南部、西南部、东南部，广西，广东，香港，海南，福建，台湾，江西，湖南，贵州，四川均有分布，生于海拔1100～2450m的常绿阔叶林下阴湿山谷或溪沟边。中国特有种。

鉴别特征

直立茎，叶面深绿色或褐绿色，被短小硬毛或锈色茸毛。

迁地栽培形态特征

多年生常绿草本，株高25～40cm，冠幅30～40cm。

茎 地上茎直立粗壮，褐绿色，直径1.2～1.8cm，茎高20～30cm。

叶 叶片轮廓斜卵形，长6～13cm、宽4～10cm，掌状浅裂；叶面深绿色或褐绿色，被短小硬毛或锈色茸毛，有的具白色斑纹。

花 花被片玫红色或白色，二歧聚伞花序，着花数8～12朵。雄花直径3.0～3.5cm，外轮2被片宽卵形，内轮2被片宽椭圆形；雌花直径2.0～2.5cm，外轮2被片宽卵形，内轮2被片宽椭圆形。

果 蒴果具不等3翅，较大翅长圆形。

受威胁状况评价

无危（LC）。

引种信息

昆明植物园 2000年4月16日，李景秀、向建英从云南南涧野外采集引种（登记号2000-8）。

物候

昆明植物园 6月18～30日初花，盛花期7月4～25日，8月上旬末花；果实成熟期9月下旬至11月上旬。

迁地栽培要点

属直立茎类型，栽培过程中应注意摘心、控制顶端优势，促进侧茎生长，调整株形。采用富含有机质、透气、排水良好的复合营养基质栽培，植株生长发育期适当增施磷、钾肥，使直立茎健壮生长，提高植株的抗倒伏能力。

主要用途

室内盆栽或庭园栽培观赏。全草入药清热解毒，散瘀消肿。

开花植株

花序

97
变形红孩儿

Begonia palmata var. ***difformis*** Golding & Karegeannes, Phytologia 54: 495. 1984.

保存植株初花

自然分布

分布于云南南涧等滇缅边境，生于海拔600~2200m的常绿阔叶林下阴湿山谷、路边斜坡或岩石壁。

鉴别特征

直立茎，叶面暗绿色，有时具银白色斑纹。

迁地栽培形态特征

多年生常绿草本，株高25~40cm，冠幅35~60cm。

茎 地上茎直立粗壮，褐绿色，直径1.0~1.6cm，茎高15~30cm。

叶 叶片轮廓宽卵形，长5.5～9cm、宽3.5～6cm；叶面暗绿色，密被短硬毛，有时具银白色斑纹。

花 花被片浅粉红色至白色，二歧聚伞花序，着花数2～4朵。雄花直径2.2～2.6cm，外轮2被片宽卵形，内轮2被片倒卵形；雌花直径1.0～1.3cm，花被片4，宽卵形。

果 蒴果具不等3翅，较大翅长圆形。

受威胁状况评价

数据缺乏（DD）。

引种信息

昆明植物园 2000年4月16日，李景秀、向建英从云南南涧野外采集引种（登记号2000-7）。

物候

昆明植物园 8月2～15日初花，盛花期8月20日至9月10日，9月下旬末花；果实成熟期11月中旬至12月下旬。

迁地栽培要点

属直立茎类型，栽培过程中应注意摘心、控制顶端优势，促进侧茎生长，调整株形。采用富含有机质、透气、排水良好的复合营养基质栽培，植株生长发育期适当增施磷、钾肥，使直立茎健壮生长，提高植株的抗倒伏能力。

主要用途

室内盆栽观赏。

营养生长植株

98
裂叶秋海棠

Begonia palmata var. ***palmata*** D. Don.

开花植株

自然分布

分布于云南贡山，西藏墨脱；生于海拔1300～2100m的常绿阔叶林下阴湿溪沟边或灌丛中。

鉴别特征

直立茎，掌状3～7深裂，裂片再浅分裂，有的叶面具白色斑纹。

迁地栽培形态特征

多年生常绿草本，株高25～50cm，冠幅30～60cm。

茎 地上茎直立粗壮，褐绿色，直径1.0～1.6cm，茎高20～40cm。

叶 叶片轮廓斜卵形或扁圆形，长12～20cm、宽10～16cm，掌状3～7浅裂或深裂，有时裂片又再浅分裂；叶面深绿色或褐绿色，被短小硬毛，有的叶面具白色斑纹。

花 花被片玫红色、粉红色或白色，二歧聚伞花序，着花数3～6朵。雄花直径3.0～3.5cm，外轮2被片宽卵形，内轮2被片宽椭圆形；雌花直径1.8～2.2cm，外轮2被片宽卵形，内轮被片2、有时3，宽椭圆形。

果 蒴果具不等3翅，较大翅长圆形。

受威胁状况评价

无危（LC）。

引种信息

昆明植物园 2016年5月29日，李景秀从西藏墨脱野外采集引种（登记号2016-21）。

物候

昆明植物园 8月5～16日初花，盛花期8月20日至9月16日，9月下旬末花；果实成熟期11月下旬至12月中旬。

迁地栽培要点

属直立茎类型，栽培过程中应注意摘心、控制顶端优势，促进侧茎生长，调整株形。采用富含有机质、透气、排水良好的复合营养基质栽培，植株生长发育期适当增施磷、钾肥，使直立茎健壮生长，提高植株的抗倒伏能力。

主要用途

室内盆栽或庭园栽培观赏。

雄花

99
小叶秋海棠

Begonia parvula H. Léveillé & Vaniot, Repert. Spec. Nov. Regni Veg. 2: 113. 1906.

初花植株

自然分布

分布于云南楚雄、个旧、麻栗坡，贵州，广西等地；生于海拔1200～1600m的林下阴湿石灰岩石壁或路边土坎。中国特有种。

鉴别特征

球状茎，叶片近圆形，叶缘波状，有时具银白色或紫褐色斑纹。

迁地栽培形态特征

多年生草本，株高8～12cm。具球状地下茎，冬季地上部分枯萎休眠。

茎 地下茎球状，褐绿色，直径5～12mm，着生多条须根。

叶 叶片轮廓宽卵形至圆形，长、宽1～4cm；叶面绿色至褐绿色，疏被柔毛，有时具银白色或紫褐色斑纹。

花 花被片粉红色至玫红色，二歧聚伞花序，着花数1～3朵。雄花直径1.2～1.8cm，外轮2被片倒卵形至扁圆形，内轮2被片长圆形；雌花直径1.0～1.6cm，外轮2被片近圆形，内轮被片3，倒卵状长圆形。

果 蒴果具不等3翅，较大翅三角形。

受威胁状况评价

无危（LC）。

引种信息

昆明植物园 2003年8月29日，李宏哲从广西天峨野外采集引种（登记号2003-7）。2009年4月9日，李景秀、胡枭剑、杨丽华从云南个旧野外采集引种（登记号2009-68）。

物候

昆明植物园 8月3～17日初花，盛花期8月22日至9月18日，9月下旬末花；果实成熟期11月中旬至12月中旬；12月下旬植株地上部分枯萎进入休眠期，翌年4月中旬萌芽开始恢复生长。

迁地栽培要点

属球状茎类型，定植栽培宜浅不宜深，采用富含有机质、透气、排水良好的复合营养基质栽培。植株休眠期避免栽培基质浇水过多造成球状茎腐烂，也应注意控制节水过度导致球状茎失水死亡。开花期增施磷、钾肥，植株开花整齐数多，花大、色艳。

主要用途

室内盆栽观赏。

雄花

雌花

100
马关秋海棠

Begonia paucilobata var. ***maguanensis*** (S. H. Huang & Y. M. Shui) T. C. Ku, Fl. Reipubl. Popularis Sin. 52(1): 261. 1999.

营养生长植株

自然分布

分布于云南马关，生于海拔1760m的常绿阔叶林下阴湿岩石间或灌丛中。

鉴别特征

根状茎，掌状5～7深裂，花被片桃红色。

迁地栽培形态特征

多年生常绿草本，株高25～35cm，冠幅40～70cm。

茎 根状茎匍匐粗壮，紫褐色，直径1.5～2.3cm，长10～15cm。

叶 叶片轮廓近圆形，长13～22cm、宽8～16cm，掌状5～7深裂；叶面褐绿色，疏被糙毛。

花 花被片桃红色，二歧聚伞花序，着花数6～10朵，单株开花数较多。雄花直径5.0～5.5cm，外轮2被片宽卵形，内轮2被片椭圆形；雌花直径5.0～5.2cm，外轮2被片近圆形，内轮被片3，卵圆形。

果 蒴果具不等3翅，较大翅三角形。

受威胁状况评价

数据缺乏（DD）。

引种信息

昆明植物园 1998年从云南马关野外采集引种（登记号1998-32）。

物候

昆明植物园 7月13～27日初花，盛花期8月5～28日，9月上旬末花；果实成熟期10月下旬至12月上旬。

迁地栽培要点

属根状茎类型，采用富含有机质、透气、排水良好的复合营养基质栽培，切忌过深，以免根状茎腐烂。由于叶片较大型，栽培基质灌水应从叶下部喷入。开花期适当增加斜射光照，并增施磷、钾肥，使植株开花数多，花大、色艳。

主要用途

室内盆栽观赏。

雄花

雌花

101
掌裂秋海棠

Begonia pedatifida H. Léveillé, Repert. Spec. Nov. Regni Veg. 7: 21. 1909.

盛花植株

自然分布

分布于湖南、湖北、四川、贵州，以及广西等地；生于海拔350～1700m的常绿阔叶林下阴湿的沟谷，石壁或石灰岩洞内。中国特有种。

鉴别特征

根状茎，叶片掌状5～6深裂，中间3裂片再中裂。

迁地栽培形态特征

多年生常绿草本，株高25～40cm，冠幅30～65cm。

茎 根状茎匍匐，褐绿色，直径1.1～1.7cm，长8～10cm。

叶 叶片轮廓扁圆形至宽卵形，长10～17cm、宽8～12cm，掌状5～6深裂，中间3裂片再中裂；叶面深绿色，散生短硬毛。

花 花被片粉红色或白色，二歧聚伞花序，着花数4～8朵。雄花直径3.8～5.0cm，外轮2被片宽卵形，内轮2被片长圆形；雌花直径3.6～4.0cm，外轮2被片宽卵形，内轮被片3，长圆形。

果 蒴果具不等3翅，较大翅三角形。

受威胁状况评价

无危（LC）。

引种信息

昆明植物园 1998年10月25日、5月8日，从云南东南部和四川野外采集引种（登记号1998-21）。2013年8月25、28、29日，李景秀、崔卫华从广西野外采集引种，中国科学院广西植物研究所引种栽培（登记号2013-16、2013-31、2013-44）。

物候

昆明植物园 7月18～29日初花，盛花期8月3～25日，9月上旬末花；果实成熟期10月下旬至12月上旬。

迁地栽培要点

属根状茎类型，采用富含有机质、透气、排水良好的复合营养基质栽培，切忌过深，以免根状茎腐烂。由于叶片较大型，栽培基质灌水应从叶下部喷入。开花期适当增加斜射光照，并增施磷、钾肥，使植株开花数多，花大、色艳。

主要用途

室内盆栽观赏。全草入药散瘀，止血消肿，止痛。

花序 雄花 雌花 幼果

102
盾叶秋海棠

Begonia peltatifolia H. L. Li, J. Arnold Arbor. 25: 209. 1944.

开花植株

自然分布

分布于海南昌江、白沙、文昌，生于海拔700～1000m的林下阴湿石灰岩间或石壁。

鉴别特征

根状茎，叶片盾状着生，厚革质，绿色，光滑无毛。

迁地栽培形态特征

多年生常绿草本，株高15～22cm，冠幅25～40cm。

茎 根状茎匍匐，褐绿色，直径1.0～1.8cm，长8～12cm。

叶 叶片轮廓卵圆形或椭圆形，长10～11cm、宽7.5～8.5cm；叶片盾状着生，厚革质，绿色，光滑无毛。

花 花被片浅粉红色，二歧聚伞花序，着花数15～25朵，单株开花数较多。雄花直径2.5～3cm，外轮2被片扁圆形，内轮2被片长圆形；雌花直径2.0～2.6cm，外轮2被片近圆形，内轮被片1，长卵形。

果 蒴果具不等3翅，较大翅三角形或镰状。

受威胁状况评价

濒危（EN）。

引种信息

昆明植物园 2008年1月29日，李宏哲从海南昌江野外采集引种（登记号2008-7）。2011年7月28日，李景秀、崔卫华从海南昌江野外采集引种（登记号2011-5）。

物候

昆明植物园 4月19日至5月12日初花，盛花期5月16日至6月25日，7月上旬末花；果实成熟期7月下旬至9月下旬。

上海辰山植物园 2月28日至3月27日盛花，3月17日幼果。

迁地栽培要点

属根状茎类型，采用富含有机质、透气、排水良好的复合营养基质栽培，切忌过深，以免根状茎腐烂。由于叶片较密集，栽培基质灌水应从叶下部喷入。开花期适当增加斜射光照，并增施磷、钾肥，使植株开花数多，花色鲜艳。

主要用途

室内盆栽观赏。

雄花　雌花　子房　成熟果实

103
一口血秋海棠

Begonia picturata Yan Liu et al., Bot. Bull. Acad. Sin. 46: 367. 2005.

营养生长植株

自然分布

分布于广西靖西，生于海拔760m的林下阴湿沟谷或石壁。

鉴别特征

根状茎，叶片银绿色，嵌紫褐色掌状斑纹。

迁地栽培形态特征

多年生常绿草本，株高15~25cm，冠幅23~45cm。

茎 根状茎匍匐，紫褐色，直径1.2~1.8cm，长9~12cm。

叶 叶片轮廓斜卵形，长8~12cm、宽5~8cm；叶片正面紫褐色具银绿色环状斑纹，或银绿色嵌紫褐色掌状斑纹，背面密被紫红色长柔毛。

花 花被片桃红色，二歧聚伞花序，着花数12~20朵，单株开花数极多。雄花直径2.5~3cm，外轮2被片卵圆形，内轮2被片长卵圆形；雌花直径2.0~2.2cm，外轮2被片宽卵形，内轮被片2、有时1，长卵形。

果 蒴果，具近等3翅，较大翅三角形或镰状。

受威胁状况评价

无危（LC）。

引种信息

昆明植物园 2008年8月18日，李宏哲、胡枭剑、杨丽华从广西靖西地州野外采集引种（登记号2008-48）。

桂林植物园 引自广西靖西，引种编号25。

物候

昆明植物园 3月15～29日初花，盛花期4月3～28日，5月下旬末花；果实成熟期6月下旬至7月下旬。

桂林植物园 2月10日花序形成，3月13日初花，5月31日果实成熟；翌年1月4日新芽萌动，1月10日叶片平展。

迁地栽培要点

属根状茎类型，采用富含有机质、透气、排水良好的复合营养基质栽培，切忌过深，以免根状茎腐烂。由于叶片较大、密集，栽培基质灌水应从叶下部喷入。开花期适当增加斜射光照，并增施磷、钾肥，使植株开花数多，花大、色艳。

主要用途

室内盆栽观赏。全草入药清热解毒，活血散瘀。

雄花 雌花 叶片斑纹 幼果

104
坪林秋海棠

Begonia pinglinensis C. I. Peng, Bot. Bull. Acad. Sin. 46: 261. 2005.

现蕾植株

自然分布

分布于台湾台北坪林，生于海拔200～300m的林下阴湿山谷或阴坡潮湿地。中国特有种。

鉴别特征

根状茎，叶片卵形，近全缘，叶柄紫红色被白柔毛。

迁地栽培形态特征

多年生常绿草本，株高25～40cm，冠幅30～45cm。

茎 根状茎匍匐粗壮，有时略斜升，紫褐色，直径1.5～2.0cm，长8～15cm。

叶 叶片轮廓卵形，长8～10cm、宽4～7cm，近全缘，叶缘波状或浅锯齿状；叶面深绿色，被粗短毛，叶柄紫红色被白柔毛。

花 花被片浅粉红色至白色，二歧聚伞花序，着花数2～6朵。雄花直径2.5～3.2cm，外轮2被片阔倒卵形，内轮2被片倒卵形；雌花直径2.0～2.3cm，外轮2被片宽卵形，内轮被片3，长圆形。

果 蒴果具不等3翅，较大翅三角形或镰状。

受威胁状况评价

近危（NT）。

引种信息

昆明植物园 2006年3月20日，彭镜毅、李宏哲从台湾坪林野外引种栽培（登记号2006-12）。

物候

昆明植物园 8月10～20日初花，盛花期8月25日至9月20日，9月下旬至10月上旬末花；果实成熟期11月中旬至12月下旬。

迁地栽培要点

属根状茎类型，采用富含有机质、透气、排水良好的复合营养基质栽培，切忌过深，以免根状茎腐烂。由于叶片数多密集，栽培基质灌水应从叶下部喷入。开花期适当增加斜射光照，并增施磷、钾肥，使植株开花数多，花大、色艳。

主要用途

室内盆栽观赏。

雄花

雌花

幼果

105
多毛秋海棠

Begonia polytricha C. Y. Wu, Acta Phytotax. Sin. 33: 275. 1995.

自然分布

分布于云南马关、绿春、元阳、屏边等地，生于海拔1800~2200m的常绿阔叶林下阴湿沟谷。中国特有种。

鉴别特征

根状茎，叶面褐绿色，密被紫红色长柔毛，花药和柱头朱红色。

迁地栽培形态特征

多年生常绿草本，株高15~30cm，冠幅22~35cm。

茎 根状茎匍匐粗壮，斜升，紫褐色，直径1.5~2.0cm，长9~15cm。

叶 叶片轮廓卵形，长6~7cm、宽4~5cm；叶面褐绿色，密被紫红色长柔毛，具紫褐色斑纹。

花 花被片粉红色至桃红色，花药和柱头朱红色，二歧聚伞花序，着花数3~6朵。雄花直径4.0~4.5cm，外轮2被片宽卵形，内轮2被片长圆形；雌花直径4.0~4.2cm，外轮2被片长圆形，内轮被片3，狭或宽长圆形。

果 蒴果具不等3翅，较大翅长圆形。

受威胁状况评价

近危（NT）。

引种信息

昆明植物园 1998年4月21日，田代科从云南河口野外采集引种（登记号1998-22）。

物候

昆明植物园 7月3~15日初花，盛花期7月20日至8月18日，8月下旬末花；果实成熟期10月中旬至11月下旬。

迁地栽培要点

属根状茎类型，采用富含有机质、透气、排水良好的复合营养基质栽培，切忌过深，以免根状茎腐烂。由于叶片数多密集，栽培基质灌水应从叶下部喷入。开花期适当增加斜射光照，并增施磷、钾肥，使植株开花数多，花大、色艳。

主要用途

室内盆栽观赏。

保存植株现蕾

雄花

叶片及毛被

雌花

营养生长植株

106
罗甸秋海棠

Begonia porteri H. Léveillé & Vaniot, Repert. Spec. Nov. Regni Veg. 9: 20. 1910.

叶片斑纹

盛花植株

自然分布

分布于贵州罗甸，广西罗城；生于海拔200～500m的林下阴湿石壁或土坎。中国特有种。

鉴别特征

根状茎，叶片卵形，沿叶脉呈银白色或亮绿色。

迁地栽培形态特征

多年生常绿草本，株高12～15cm，冠幅12～18cm。

茎 根状茎匍匐，褐绿色，直径6～9mm，长4～8cm。

叶 叶片轮廓卵形，长3～3.5cm、宽2～3.0cm；叶面褐绿色或紫褐色，被长柔毛，沿叶脉呈银白色或亮绿色。

花 花被片浅粉红色，二歧聚伞花序，着花数3～6朵。雄花直径1.5～1.8cm，外轮2被片宽卵形，内轮2被片长卵形；雌花直径1.2～1.5cm，外轮2被片扁圆形，内轮被片1，长卵形。

果 蒴果具不等3翅，较大翅镰状。

受威胁状况评价

无危（LC）。

引种信息

昆明植物园 2008年8月18日，李宏哲、胡枭剑、杨丽华从贵州罗甸野外采集引种（登记号2008-46）。

桂林植物园 引种来源不详，引种编号26。

物候

昆明植物园 6月17～30日初花，盛花期7月3～27日，8月上旬末花；果实成熟期9月下旬至11月上旬。

桂林植物园 8月5日花序形成，8月23日初花，9月20日盛花，11月18日末花；11月26日果实成熟；翌年1月20日新芽萌动，1月27日叶片平展。

迁地栽培要点

属根状茎类型，采用富含有机质、透气、排水良好的复合营养基质栽培，切忌过深，以免根状茎腐烂。由于叶片密集，栽培基质灌水应从叶下部喷入。开花期适当增加斜射光照，并增施磷、钾肥，使植株开花数多，花色鲜艳。

主要用途

室内盆栽观赏。

雄花

雌花

幼果

107
假大新秋海棠

Begonia pseudodaxinensis S. M. Ku et al., Bot. Stud. 47: 211. 2006.

盛花植株

自然分布

分布于广西大新，生于海拔400m的林下阴湿土坎或石壁。中国特有种。

鉴别特征

根状茎，叶片大型，叶面褐绿色，被短疏毛。

迁地栽培形态特征

多年生常绿草本，株高25～35cm，冠幅40～60cm。

茎 根状茎匍匐粗壮，褐绿色，直径1.8～2.5cm，长8～12cm。

叶 叶片大型，轮廓斜卵形，长12～18cm、宽10～12cm；叶面褐绿色，被短疏毛。

花 花被片粉红色至浅粉红色，二歧聚伞花序，着花数8～20朵，单株开花数较多。雄花直径2.8～4cm，外轮2被片倒卵形，内轮2被片长卵形；雌花直径1.2～2.5cm，外轮2被片扁圆形，内轮被片1，长卵形。

果 蒴果，具近等3翅，较大翅镰状。

受威胁状况评价

无危（LC）。

引种信息

昆明植物园 2005年，税玉民从广西野外采集引种（登记号2005-22）。

桂林植物园 引自广西大新，引种编号27。

物候

昆明植物园 2月16～28日初花，盛花期3月5～29日，4月上旬末花；果实成熟期5月下旬至7月上旬。

桂林植物园 12月23日花序形成，翌年1月30日初花，2月13日盛花；3月13日幼果；12月23日新芽萌动，翌年1月10日叶片平展。

上海辰山植物园 2月28日盛花，3月7～27日末花，3月17日幼果。

迁地栽培要点

属根状茎类型，采用富含有机质、透气、排水良好的复合营养基质栽培，切忌过深，以免根状茎腐烂。由于叶片较大型，栽培基质灌水应从叶下部喷入。开花期适当增加斜射光照，并增施磷、钾肥，使植株开花数多，花大、色艳。

主要用途

室内盆栽观赏。

雄花 雌花 幼果 花序 保存植株初花

108
假厚叶秋海棠

Begonia pseudodryadis C. Y. Wu, Acta Phytotax. Sin. 33: 276. 1995.

盛花植株

自然分布

分布于云南河口、南溪、新街，生于海拔1200～1320m的林下阴湿石灰岩石壁。

鉴别特征

根状茎，叶面褐绿色，厚革质，沿中肋具银绿色宽带状斑纹，其余嵌不规则银绿色斑点。

迁地栽培形态特征

多年生常绿草本，株高16~28cm，冠幅25~50cm。

茎 根状茎匍匐，直径1.0~1.5cm，长7~10cm。

叶 叶片轮廓斜卵形，长4~8cm、宽3.5~5.6cm；叶面褐绿色，厚革质，沿中肋具银绿色宽带状斑纹，其余嵌不规则银绿色斑点。

花 花被片粉红色，二歧聚伞花序，着花数6~10朵。雄花直径2~2.5cm，外轮2被片宽卵形，先端急尖，内轮2被片披针形；雌花直径1.2~1.5cm，外轮2被片菱形至卵状三角形，内轮被片3，披针形，先端急尖。

果 蒴果，具近等3翅，较大翅镰状至长圆形。

受威胁状况评价

数据缺乏（DD）。

引种信息

昆明植物园 2006年7月12日，李景秀、马宏从云南河口野外采集引种（登记号2006-25）。2009年3月29、30日，李景秀、胡枭剑、杨丽华从云南河口、新街野外采集引种（登记号2009-22、2009-62）。

物候

昆明植物园 7月2~12日初花，盛花期7月16日至8月17日，8月下旬末花；果实成熟期10月下旬至12月上旬。

迁地栽培要点

属根状茎类型，采用富含有机质、透气、排水良好的复合营养基质栽培，切忌过深，以免根状茎腐烂。由于叶片数多密集，栽培基质灌水应从叶下部喷入。开花期适当增加斜射光照，并增施磷、钾肥，使植株开花数多，花大、色艳。

主要用途

室内盆栽观赏。

雄花

雌花

幼果

109
假癞叶秋海棠

Begonia pseudoleprosa C. I. Peng et al., Bot. Stud. 47: 214. 2006.

营养生长植株

自然分布

分布于广西大新、龙州等地，生于海拔250m的林下阴湿石灰岩石壁。中国特有种。

鉴别特征

根状茎，叶面翠绿色，光滑无毛。

迁地栽培形态特征

多年生常绿草本，株高10～15cm，冠幅12～18cm。

茎 根状茎匍匐，褐绿色，直径6～8mm，长6～10cm。

叶 叶片轮廓长卵形，长6～8cm、宽4～5cm；叶面翠绿色，光滑无毛。

花 花被片粉红色至浅粉红色，二歧聚伞花序，着花数3～12朵。雄花直径1.5～2.0cm，外轮2被片长卵形或卵状披针形，内轮被片2、有时3，倒卵状长圆形；雌花直径0.8～1.5cm，外轮2被片扁圆形，内轮被片1，长圆形。

果 蒴果具近等3翅，较大翅镰状。

受威胁状况评价

无危（LC）。

引种信息

昆明植物园 2008年8月18日，李宏哲、胡枭剑、杨丽华从广西龙州野外采集引种（登记号2008-55、2008-56）。

物候

昆明植物园 10月16～31日初花，盛花期11月6～29日，12月上旬末花；果实成熟期翌年1月下旬至3月上旬。

上海辰山植物园 10月26日花芽出现，11月3日初花。

迁地栽培要点

属根状茎类型，采用富含有机质、透气、排水良好的复合营养基质栽培，切忌过深，以免根状茎腐烂。由于叶片匍匐密集，栽培基质灌水应从叶下部喷入。开花期适当增加斜射光照，并增施磷、钾肥，使植株开花数多，花大、色艳。

主要用途

室内盆栽观赏。

雄花

雌花

110
光滑秋海棠

Begonia psilophylla Irmscher, Notes Roy. Bot. Gard. Edinburgh 21: 39. 1951.

自然分布

分布于云南河口等地，生于海拔350～700m的密林下阴湿山谷或岩石缝隙中。中国特有种。

鉴别特征

根状茎，叶面深绿色，光滑无毛。

迁地栽培形态特征

多年生常绿草本，株高20～35cm，冠幅30～55cm。

茎 根状茎匍匐粗壮，褐绿色，直径1.2～1.6cm，长6～11cm。

叶 叶片轮廓卵形，长8～12cm、宽6～10cm；叶面深绿色，光滑无毛。

花 花被片粉红色，二歧聚伞花序，着花数6～8朵。雄花直径1.8～2.2cm，外轮2被片宽卵形，内轮2被片长圆形；雌花直径1.6～2.0cm，外轮2被片广椭圆形，内轮被片3，长椭圆形。

果 蒴果具不等3翅，较大翅长圆形。

受威胁状况评价

无危（LC）。

引种信息

昆明植物园 1995年，张成敏从野外采集引种（登记号1995-1）。2009年3月28日，李景秀、胡枭剑、杨丽华从云南河口野外采集引种（登记号2009-28）。

物候

昆明植物园 7月16～29日初花，盛花期8月10日至9月12日，9月下旬末花；果实成熟期10月下旬至12月中旬。

上海辰山植物园 5月5日花芽出现，10月26日末花；翌年4月11日新芽萌动。

迁地栽培要点

属根状茎类型，采用富含有机质、透气、排水良好的复合营养基质栽培，切忌过深，以免根状茎腐烂。由于叶片数多密集，栽培基质灌水应从叶下部喷入。开花期适当增加斜射光照，并增施磷、钾肥，使植株开花数多，花色鲜艳。

主要用途

室内盆栽观赏。

雄花

雌花

成熟果实

开花植株

111
肿柄秋海棠

Begonia pulvinifera C. I. Peng & Yan Liu, Bot. Stud. 47: 319. 2006.

盛花植株

自然分布

分布于广西靖西、东兰保平等地，生于海拔300～320m的石灰岩洞内阴湿石壁。中国特有种。

鉴别特征

根状茎，叶片盾状着生，叶柄基部膨大。

迁地栽培形态特征

多年生常绿草本，株高15～32cm，冠幅30～50cm。

茎 根状茎匍匐粗壮，略斜升，褐绿色，直径1.8～3.0cm，长10～15cm。

叶 叶片轮廓卵圆形，长10～15cm、宽6～10cm；叶片盾状着生，厚革质，深绿色，光滑无毛，叶柄基部膨大。

花 花被片白色至浅粉红色，二歧聚伞花序，着花数6～10朵。雄花直径2.2～2.8cm，外轮2被片卵圆形，内轮2被片长卵形；雌花直径1.5～2.5cm，外轮2被片扁圆形，内轮被片1，长卵形。

果 蒴果长卵形，具近等3翅，较大翅镰状。

受威胁状况评价

无危（LC）。

引种信息

昆明植物园 2010年8月24日，李景秀、胡枭剑、崔卫华、任永权从广西东兰保平野外采集引种（登记号2010-70）。2013年8月28日，李景秀、崔卫华从广西东兰保平野外采集引种（登记号2013-28）。

桂林植物园 引自广西靖西，引种编号28。

物候

昆明植物园 3月6～18日初花，盛花期3月22日至4月20日，4月下旬末花；果实成熟期6月下旬至8月中旬。

桂林植物园 2月10日花序形成，3月13日初花；6月13日至8月30日果实成熟；翌年1月5日新芽萌动，1月10日叶片平展。

迁地栽培要点

属根状茎类型，采用富含有机质、透气、排水良好的复合营养基质栽培，切忌过深，以免根状茎腐烂。由于叶片较大型，栽培基质灌水应从叶下部喷入。开花期适当增加斜射光照，并增施磷、钾肥，使植株开花数多，花大、色艳。

主要用途

室内盆栽观赏。

雄花

雌花

叶柄基部

幼果

112
紫叶秋海棠

Begonia purpureofolia S. H. Huang & Y. M. Shui, Acta Bot. Yunnan. 16: 340. 1994.

自然分布

分布于云南屏边、河口、金平，生于海拔900～1650m的常绿阔叶林下阴湿沟谷或岩石面。

鉴别特征

直立茎，花药朱红色，叶面褐绿色，密被红色长柔毛，具暗褐色环形斑纹。

迁地栽培形态特征

多年生常绿草本，株高35～65cm，冠幅30～55cm。

茎 地上茎直立粗壮，褐紫色被长柔毛，直径1.0～2.5cm，茎高30～55cm。

叶 叶片轮廓斜卵状三角形，长6.5～13.5cm、宽4.5～10cm；叶面褐绿色，密被红色长柔毛，具暗褐色环形斑纹。

花 花被片粉红色，花药朱红色，二歧聚伞花序，着花数5～8朵。雄花直径4.0～4.2cm，外轮2被片卵圆形，内轮2被片椭圆形；雌花直径3.6～4.0cm，外轮2被片宽椭圆形，内轮被片3，椭圆形。

果 蒴果具不等3翅，较大翅三角形。

受威胁状况评价

数据缺乏（DD）。

引种信息

昆明植物园 1997年，从云南东南部野外采集引种（登记号1997-18）。2009年3月25日、3月30日、4月4日，李景秀、胡枭剑、杨丽华分别从云南屏边、河口、金平野外采集引种（登记号2009-32、2009-61、2009-53）。

物候

昆明植物园 11月2～15日初花，盛花期11月18日至12月20日，12月下旬末花；果实成熟期翌年2月中旬至3月下旬。

迁地栽培要点

属直立茎类型，栽培过程中应注意摘心、控制顶端优势，促进侧茎生长，调整株形。采用富含有机质、透气、排水良好的复合营养基质栽培，植株生长发育期适当增施磷、钾肥，使直立茎健壮生长，提高植株的抗倒伏能力。

主要用途

室内盆栽或庭园栽培观赏。

花序

子房

幼果

113
倒鳞秋海棠

Begonia reflexisquamosa C. Y. Wu, Acta Phytotax. Sin. 33: 278. 1995.

营养生长植株

自然分布

分布于云南绿春、屏边，生于海拔700～1800m的林下阴湿山坡。中国特有种。

鉴别特征

根状茎，叶柄具紫红色反卷的鳞状毛，花被片白色。

迁地栽培形态特征

多年生常绿草本，株高30～45cm，冠幅30～50cm。

茎 根状茎匍匐粗壮，褐紫色，直径1.4～2.2cm，长8～13cm。

叶 叶片轮廓扁圆形或卵圆形，长13～22cm、宽12～20cm，掌状6深裂，裂片三角状披针形，中央裂片再浅裂；叶面深绿色，近无毛或疏被短柔毛，叶柄具紫红色反卷的鳞状毛。

花 花被片白色，二歧聚伞花序，着花数3～8朵。雄花直径2.5～4.0cm，外轮2被片阔卵形，内轮2被片卵形；雌花直径2.0～3.5cm，花被片5，扁圆形。

果 蒴果具不等3翅，较大翅长圆形。

受威胁状况评价

近危（NT）。

引种信息

昆明植物园 2005年从云南野外采集引种（登记号2005-27）。

物候

昆明植物园 7月4～15日初花，盛花期7月18日至8月20日，8月下旬末花；果实成熟期10月中旬至12月上旬。

迁地栽培要点

属根状茎类型，采用富含有机质、透气、排水良好的复合营养基质栽培，切忌过深，以免根状茎腐烂。由于叶片较大，栽培基质灌水应从叶下部喷入。开花期适当增加斜射光照，并增施磷、钾肥，使植株开花数多，花大、色艳。

主要用途

室内盆栽观赏。

幼叶

叶柄毛被

叶背

114
匍茎秋海棠

Begonia repenticaulis Irmscher, Mitt. Inst. Allg. Bot. Hamburg 10: 547. 1939.

自然分布

分布于云南沧源、腾冲、大理，生于海拔800～2000m的林下阴湿山谷或路边土坎、斜坡。中国特有种。

鉴别特征

根状茎匍匐延伸，花被片白色。

迁地栽培形态特征

多年生常绿草本，株高20～30cm，冠幅32～80cm。

茎 根状茎匍匐延伸，粗壮，直径1.0～2.6cm，长12～30cm。

叶 叶片轮廓宽卵形，长12～16cm、宽10～14cm；叶面暗绿色，密被绣褐色短毛，有的具紫褐色斑纹。

花 花被片白色，二歧聚伞花序，着花数2～4朵。雄花直径4.0～4.5cm，外轮2被片阔卵形，内轮2被片椭圆形；雌花直径4.0～4.2cm，外轮2被片长卵圆形，内轮被片3，椭圆形。

果 蒴果具不等3翅，较大翅长圆形。

受威胁状况评价

数据缺乏（DD）。

引种信息

昆明植物园 2000年4月15日，李景秀、向建英从云南沧源野外采集引种（登记号2000-23）。

物候

昆明植物园 9月2～12日初花，盛花期9月14日至10月12日，10月下旬末花；果实成熟期12月中旬至翌年1月下旬。

迁地栽培要点

属根状茎类型，采用富含有机质、透气、排水良好的复合营养基质栽培，切忌过深，以免根状茎腐烂。由于叶片茂密，栽培基质灌水应从叶下部喷入。开花期适当增加斜射光照，并增施磷、钾肥，使植株开花数多，花大、色艳。

主要用途

室内盆栽观赏。

雄花
雌花
叶片斑纹
幼果
匍匐延伸茎
开花植株

115
突脉秋海棠

Begonia retinervia D. Fang et al., Bot. Stud. 47: 106. 2006.

营养生长植株　初花植株　末花植株

自然分布

分布于广西都安，生于海拔200～600m的林下阴湿石壁。中国特有种。

鉴别特征

根状茎，叶面褐绿色至紫褐色，沿脉具银白色斑纹。

迁地栽培形态特征

多年生常绿草本，株高10～15cm，冠幅12～25cm。

茎 根状茎匍匐，紫褐色，直径1～1.8cm，长7～13cm。

叶 叶片轮廓近圆形，长10～12cm、宽8～10cm；叶面褐绿色至紫褐色，沿脉具银白色斑纹。

花 花被片粉红色至桃红色，二歧聚伞花序，着花数6～18朵。雄花直径1.8～2cm，外轮2被片倒卵形，内轮2被片长圆形；雌花直径1.0～1.5cm，外轮2被片卵圆形，内轮被片1，长圆形。

果 蒴果具不等3翅，较大翅三角形或镰状。

受威胁状况评价

近危（NT）。

引种信息

昆明植物园 2008年8月18日，李宏哲、胡枭剑、杨丽华从广西都安野外采集引种（登记号2008-35）。

桂林植物园 引自广西都安，引种编号29。

物候

昆明植物园 8月12～28日初花，盛花期9月14日至10月10日，10月下旬末花；果实成熟期11月中旬至12月下旬。

桂林植物园 6月14日初花，7月21日盛花，12月7日末花；9月25日至翌年3月13日果实成熟；12月23日新芽萌动，翌年1月2日叶片平展。

上海辰山植物园 11月3日花芽出现，12月10日盛花。

迁地栽培要点

属根状茎类型，采用富含有机质、透气、排水良好的复合营养基质栽培，切忌过深，以免根状茎腐烂。由于叶片平铺、较大，栽培基质灌水应从叶下部喷入。开花期适当增加斜射光照，并增施磷、钾肥，使植株开花数多，花大、色艳。

主要用途

室内盆栽观赏。

雄花

雌花

116
大王秋海棠

Begonia rex Putzeys, Fl. Serres Jard. Eur. 2: 141. 1857.

初花

自然分布

分布于云南江城、勐腊、金平、绿春，广西，贵州等地；生于海拔400～1000m的密林下阴湿沟谷或路边岩石壁。

鉴别特征

根状茎，叶面暗绿色或褐绿色，具银绿色环状斑纹。

迁地栽培形态特征

多年生常绿草本，株高20～35cm，冠幅30～65cm。

茎 根状茎匍匐粗壮，褐绿色，直径1.2～2.8cm，长8～13cm。

叶 叶片大型，轮廓宽卵形至近圆形，长20～25cm、宽13～20cm；叶面暗绿色或褐绿色，疏生长硬毛，具银绿色环状斑纹。

花 花被片浅粉红色至粉红色，二歧聚伞花序，着花数4～6朵。雄花直径4.2～5.6cm，外轮2被片广椭圆形，内轮2被片狭长圆形；雌花直径2.2～3.5cm，外轮2被片倒卵状长圆形，内轮被片3，狭长圆形。

果 蒴果具不等3翅，较大翅长圆形。

受威胁状况评价

无危（LC）。

引种信息

昆明植物园 2007年8月2日，李景秀、李宏哲、季慧从云南江城野外采集引种（登记号2007-1）。2012年2月13日，李景秀、崔卫华从云南江城野外采集引种（登记号2012-3）。

物候

昆明植物园 8月26日至9月4日初花，盛花期9月10日至10月8日，10月中旬末花；果实成熟期11月下旬至翌年1月中旬。

上海辰山植物园 11月3日花芽出现。

迁地栽培要点

属根状茎类型，采用富含有机质、透气、排水良好的复合营养基质栽培，切忌过深，以免根状茎腐烂。由于叶片大型，栽培基质灌水应从叶下部喷入。开花期适当增加斜射光照，并增施磷、钾肥，使植株开花数多，花大、色艳。

主要用途

室内盆栽观赏。全草入药舒筋活络，解毒消肿等。

雄花

叶片斑纹

花序

117
喙果秋海棠

Begonia rhynchocarpa Y. M. Shui & W. H. Chen, Acta Bot. Yunnan. 27: 370. 2005.

营养生长植株

自然分布

分布于云南河口，生于海拔140m的林下阴湿石灰岩石壁。中国特有种。

鉴别特征

根状茎匍匐延伸，花被片桃红色，基部喙状。

形态特征

多年生常绿草本，株高4～8cm，冠幅10～15cm。

茎 根状茎匍匐延伸，褐绿色，直径4～5mm，长3～6cm。

叶 叶片轮廓斜卵形，长6～8cm、宽3～5cm；叶面褐绿色，被疏短柔毛。

花 花被片浅桃红色至桃红色，二歧聚伞花序，着花数3～8朵。雄花直径1.5～1.8cm，外轮2被片倒卵形，内轮2被片长卵形；雌花直径1.0～1.2cm，外轮2被片扁圆形，内轮被片1，长圆形。

果 蒴果长卵形，基部喙状，具近等3翅，较大翅镰状。

受威胁状况评价

近危（NT）。

引种信息

昆明植物园 2006年7月12日，李景秀、马宏从云南河口野外采集引种（登记号2006-17）。2009年3月28日，李景秀、胡枭剑、杨丽华从云南河口野外采集引种（登记号2009-29）。2010年8月24日，李景秀、胡枭剑、崔卫华、任永权从云南河口野外采集引种（登记号2010-78）。2011年12月8日，李景秀、崔卫华、殷雪清从云南河口野外采集引种（登记号2011-20）。2013年3月5日，鲁元学、中田政司、志内利明从云南河口野外采集引种（登记号2013-5）。2014年3月3日，李景秀、崔卫华从云南河口野外采集引种（登记号2014-1）。

物候

昆明植物园 先后6次野外采集引种植株在迁地保存基地存活均未超过1年。未能开花结实。

迁地栽培要点

属根状茎类型，采用富含有机质、透气、排水良好的复合营养基质栽培，切忌过深，以免根状茎腐烂。由于叶片匍匐平铺，栽培基质灌水应从叶下部喷入。

主要用途

室内盆栽观赏。

118
滇缅秋海棠

Begonia rockii Irmscher, Mitt. Inst. Allg. Bot. Hamburg 10: 544. 1939.

开花植株

结实植株

自然分布

分布于云南西部滇缅边境，生于海拔700～800m的林下阴湿山谷。

鉴别特征

根状茎，叶面紫褐色被褐色卷曲毛，花被片白色。

迁地栽培形态特征

多年生常绿草本，株高20～35cm，冠幅30～45cm。

茎 根状茎匍匐粗壮，褐紫色，直径1.6～2.7cm，长10～13cm。

叶 叶片轮廓斜卵形，长6～10cm、宽5～8cm；叶面紫褐色，被褐色卷曲毛。

花 花被片白色，二歧聚伞花序，着花数3～5朵。雄花直径2.5～3.0cm，外轮2被片卵形，内轮2被片椭圆形；雌花直径1.2～1.8cm，外轮2被片近圆形，内轮被片通常2、有时3，卵圆形。

果 蒴果具不等3翅，较大翅长圆形。

受威胁状况评价

无危（LC）。

引种信息

昆明植物园 1996年前，夏德云、冯桂华从云南野外采集引种（登记号1996前-1）。

物候

昆明植物园 1月2～15日初花，盛花期1月18日至2月13日，2月下旬末花；果实成熟期4月下旬至5月下旬。

迁地栽培要点

属根状茎类型，采用富含有机质、透气、排水良好的复合营养基质栽培，切忌过深，以免根状茎腐烂。由于叶片较大型、茂密，栽培基质灌水应从叶下部喷入。开花期适当增加斜射光照，并增施磷、钾肥，使植株开花数多，花大、色艳。

主要用途

室内盆栽观赏。

叶背 叶面
雄花 雌花

119
玉柄秋海棠

Begonia rubinea H. Z. Li & H. Ma, Bot. Bull. Acad. Sin. 46: 377. 2005.

盛花植株

自然分布

分布于贵州习水，生于海拔700m的林下阴湿沟谷或石壁。中国特有种。

鉴别特征

根状茎，叶柄和叶背面紫红色。

迁地栽培形态特征

多年生常绿草本，株高20～35cm，冠幅25～47cm。

茎 根状茎匍匐，褐紫色，直径1.2～2.0cm，长9～12cm。

叶 叶片轮廓卵状披针形，长8～12cm、宽4～6cm；叶片正面褐绿色，光滑无毛，背面紫红色，有时掌状浅裂，叶柄紫红色。

花 花被片粉红色至桃红色，二歧聚伞花序，着花数2～4朵。雄花直径2.8～3.5cm，外轮2被片阔卵形，内轮2被片长圆形；雌花直径2.5～3.2cm，花被片5，倒卵形。

果 蒴果具不等3翅，较大翅长圆形。

受威胁状况评价

无危（LC）。

引种信息

昆明植物园 2004年12月5日，李宏哲从贵州习水野外采集引种（登记号2004-13）。

物候

昆明植物园 7月15～29日初花，盛花期8月2日至9月13日，9月下旬末花；果实成熟期10月下旬至12月中旬。

迁地栽培要点

属根状茎类型，采用富含有机质、透气、排水良好的复合营养基质栽培，切忌过深，以免根状茎腐烂。由于叶片数多、密集，栽培基质灌水应从叶下部喷入。开花期适当增加斜射光照，并增施磷、钾肥，使植株开花数多，花大、色艳。

主要用途

室内盆栽观赏。

雌花

雄花

幼果

120
匍地秋海棠

Begonia ruboides C. M. Hu ex C. Y. Wu & T. C. Ku, Acta Phytotax. Sin. 33: 260. 1995.

保存植株

自然分布

分布于云南屏边、河口、金平，生于海拔1300m的常绿阔叶林下阴湿山谷或路边斜坡、土坎。

鉴别特征

根状茎匍匐蔓延，叶片近圆形，散生长刚毛。

迁地栽培形态特征

多年生常绿草本，株高10～20cm，冠幅35～58cm。

茎 根状茎匍匐蔓延，紫褐色，直径0.8～1.6cm，长10～30cm。

叶 叶片轮廓近圆形，长4.5～6cm、宽3.5～5cm；叶面褐绿色，散生长刚毛。

花 花被片白色至浅粉红色，二歧聚伞花序，着花数3～6朵。雄花直径2.2～2.5cm，外轮2被片宽卵形，内轮2被片倒卵状长圆形；雌花直径1.5～2cm，外轮2被片宽卵形，内轮2被片长圆形。

果 蒴果具不等3翅，较大翅长圆形。

受威胁状况评价

数据缺乏（DD）。

引种信息

昆明植物园 2005年5月20日，李宏哲、马宏从云南屏边野外采集引种（登记号2005-7）。2006年7月14日，李景秀、马宏从云南屏边野外采集引种（登记号2006-18）。2009年3月30日，李景秀、胡枭剑、杨丽华从云南河口野外采集引种（登记号2009-60）。

物候

昆明植物园 3月12～26日初花，盛花期4月2～30日，5月上旬末花；果实成熟期6月下旬至8月中旬。

迁地栽培要点

属根状茎类型，采用富含有机质、透气、排水良好的复合营养基质栽培，切忌过深，以免根状茎腐烂。由于叶片数多、茂密，栽培基质灌水应从叶下部喷入。开花期适当增加斜射光照，并增施磷、钾肥，使植株开花数多，花大、色艳。

主要用途

室内盆栽观赏。

叶片刚毛

匍匐延伸茎

雄花蕾

121
红斑秋海棠

Begonia rubropunctata S. H. Huang & Y. M. Shui, Acta Bot. Yunnan. 16: 339. 1994.

植株

自然分布

分布于云南勐腊，生于海拔600～1100m的林下阴湿石灰岩间或石壁。中国特有种。

鉴别特征

根状茎块状，叶面褐绿色，沿脉具银白色斑纹，2～3回掌状深裂。

迁地栽培形态特征

多年生常绿草本，株高20～35cm，冠幅32～50cm。具块状地下茎，冬季地上部分枯萎休眠。

茎 根状茎粗壮近块状，褐绿色，直径2.5～4.0cm，长7～12cm。

叶 叶片轮廓卵圆形或近圆形，长、宽15～20cm，2～3回掌状深裂；叶面褐绿色，沿叶脉具暗褐色或银白色斑纹。

花 花被片粉红色，二歧聚伞花序，着花数6～8朵。雄花直径4.0～4.5cm，花被片4，宽倒卵形；雌花直径2.0～2.2cm，花被片4～5，近圆形。

果 蒴果具不等3翅，较大翅长圆形。

受威胁状况评价

无危（LC）。

引种信息

昆明植物园 2000年5月，李景秀、向建英从云南勐腊野外采集引种（登记号2000-12）。

物候

昆明植物园 8月10～20日初花，盛花期8月25日至9月16日，9月下旬末花；果实成熟期11月中旬至12月中旬；12月下旬植株地上部分枯萎进入休眠期，翌年4月中旬萌芽恢复生长。

迁地栽培要点

属半球茎类型，定植栽培宜浅不宜深，采用富含有机质、透气、排水良好的复合营养基质栽培。植株休眠期避免栽培基质浇水过多造成球状茎腐烂，也应注意控制节水过度导致球状茎失水死亡。开花期增施磷、钾肥，植株开花整齐、数多，花大、色艳。

主要用途

室内盆栽观赏。

雌花

雄花

122
半侧膜秋海棠

Begonia semiparietalis Yan Liu et al., Bot. Stud. 47: 218. 2006.

盛花植株

自然分布

分布于广西扶绥，生于海拔120m的林下阴湿石灰岩石壁。中国特有种。

鉴别特征

根状茎，叶面褐绿色或紫褐色，沿脉具银白色斑纹。

迁地栽培形态特征

多年生常绿草本，株高10~15cm，冠幅15~20cm。

茎 根状茎匍匐，褐绿色，直径7~12mm，长9~13cm。

叶 叶片轮廓近圆形，长6~8cm、宽5~6cm；叶面褐绿色或紫褐色，沿脉具银白色斑纹。

花 花被片桃红色，二歧聚伞花序，着花数5～8朵。雄花直径1.5～2.0cm，外轮2被片倒卵形，内轮2被片长圆形；雌花直径1.2～1.5cm，外轮2被片扁圆形，内轮被片1，倒卵状披针形。

果 蒴果，具近等3翅，较大翅三角形或镰状。

受威胁状况评价

易危（VU）。

引种信息

昆明植物园 2013年9月3日，李景秀、崔卫华从广西扶绥野外采集引种（登记号2013-15）。

物候

昆明植物园 8月3～15日初花，盛花期8月20日至9月28日，10月上旬末花；果实成熟期11月中旬至12月下旬。

迁地栽培要点

属根状茎类型，采用富含有机质、透气、排水良好的复合营养基质栽培，切忌过深，以免根状茎腐烂。由于叶片平铺、密集，栽培基质灌水应从叶下部喷入。开花期适当增加斜射光照，并增施磷、钾肥，使植株开花数多，花大、色艳。

主要用途

室内盆栽观赏。

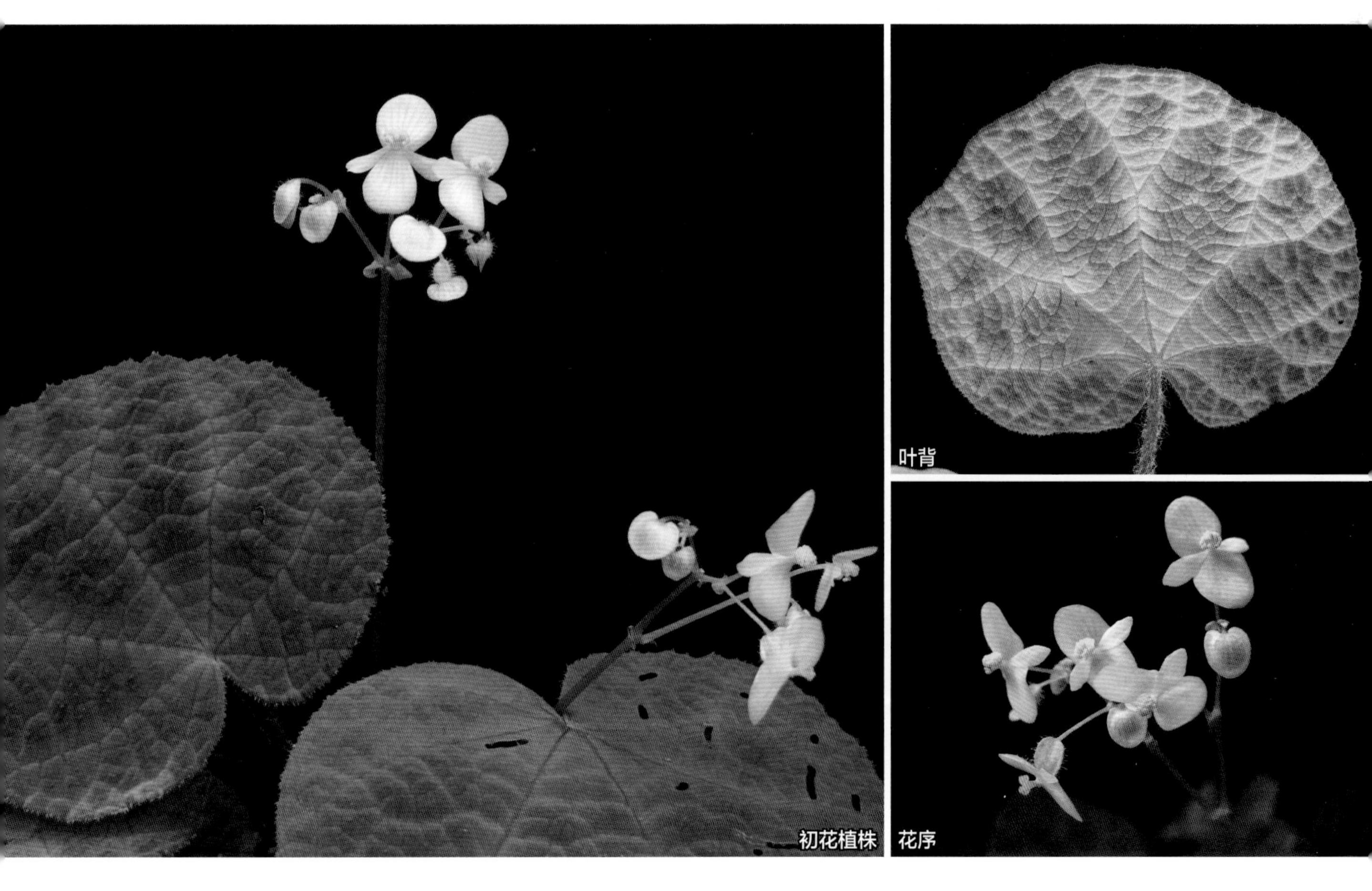

初花植株　叶背　花序

123
刚毛秋海棠

Begonia setifolia Irmscher, Mitt. Inst. Allg. Bot. Hamburg 10: 549. 1939.

植株

自然分布

分布于云南蒙自、屏边、绿春等地，生于海拔1300～2100m的常绿阔叶林下阴湿山谷。

鉴别特征

根状茎，叶面暗绿色，散生褐紫色长刚毛。

迁地栽培形态特征

多年生常绿草本，株高12～16cm，冠幅18～20cm。

茎 根状茎匍匐，褐绿色，直径6～12mm，长8～10cm。

叶 叶片轮廓宽卵形，长7～10.5cm、宽6～10cm；叶面暗绿色，散生褐紫色长刚毛。

花 花被片玫红色，二歧聚伞花序，着花数6～10朵。雄花直径3.2～4cm，外轮2被片宽卵形，内轮2被片长圆形；雌花直径2.2～3cm，外轮2被片近圆形，内轮被片3，长圆形。

果 蒴果具不等3翅，较大翅长圆形。

受威胁状况评价

数据缺乏（DD）。

引种信息

昆明植物园 1998年从云南金平野外采集引种（登记号1998-28）。

物候

昆明植物园 3月17～28日初花，盛花期4月2～30日，5月上旬末花；果实成熟期6月下旬至8月上旬。

迁地栽培要点

属根状茎类型，采用富含有机质、透气、排水良好的复合营养基质栽培，切忌过深，以免根状茎腐烂。由于叶片密集，栽培基质灌水应从叶下部喷入。开花期适当增加斜射光照，并增施磷、钾肥，使植株开花数多，花色鲜艳。

主要用途

室内盆栽观赏。

叶片刚毛

叶背

124
刺盾叶秋海棠

Begonia setulosopeltata C. Y. Wu, Acta Phytotax. Sin. 35: 48. 1997 [“setuloso-peltata”].

保存植株

自然分布

分布于广西东兰保平，生于海拔400m的石灰岩山洞内阴湿石壁。中国特有种。

鉴别特征

根状茎，叶片盾状着生，具白色斑纹。

形态特征

多年生常绿草本，株高15～18cm，冠幅16～20cm。

茎 根状茎匍匐，褐绿色，直径6～8mm，长8～10cm。

叶 叶片轮廓卵形或宽卵形，长8～10cm、宽4～5.5cm，叶片盾状着生；叶面褐绿色散生硬毛，具白色斑纹。

花 花被片桃红色，二歧聚伞花序，着花数5～8朵。雄花直径2～2.5cm，外轮2被片宽卵形，内轮2被片长圆形；雌花直径1.5～2.2cm，外轮2被片扁圆形，内轮被片1，长圆形。

果 蒴果，具近等3翅，较大翅镰状。

受威胁状况评价

濒危（EN）。

引种信息

昆明植物园 2013年8月28日，李景秀、崔卫华从广西东兰保平野外采集引种（登记号2013-30）。

物候

昆明植物园 迁地保育栽培尚未开花结实。

迁地栽培要点

属根状茎类型，采用富含有机质、透气、排水良好的复合营养基质栽培，切忌过深，以免根状茎腐烂。由于叶片较密集，栽培基质灌水应从叶下部喷入。

主要用途

室内盆栽观赏。

叶形及斑纹

叶片扦插成苗

125
锡金秋海棠

Begonia sikkimensis A. Candolle, Ann. Sci. Nat., Bot., sér. 4, 11: 134. 1859.

自然分布

分布于西藏墨脱，生于海拔850～1200m的常绿阔叶林下阴湿山谷，路边土坎或溪沟、江边林下阴湿地。

鉴别特征

直立茎，叶片掌状5～7深裂，裂片镰刀状披针形，1～3再浅裂。

迁地栽培形态特征

多年生常绿草本，株高30～45cm，冠幅35～40cm。

茎 地上茎直立，深绿色，直径0.8～2.0cm，茎高20～40cm。

叶 叶片轮廓扁圆形或近圆形，长12～20cm、宽10～19cm，先端长、渐尖，掌状5～7深裂，裂片镰刀状披针形，通常1～3再浅裂；叶面深绿色，无毛。

花 花被片粉红色，二歧聚伞花序，着花数6～8朵。雄花直径2.5～3.5cm，外轮2被片卵形，内轮2被片椭圆形；雌花直径2.0～3.0cm，花被片5，卵圆形各异。

果 蒴果具不等3翅，较大翅长圆形。

受威胁状况评价

无危（LC）。

引种信息

昆明植物园 2016年5月28日，李景秀从西藏墨脱野外采集引种（登记号2016-16）。

物候

昆明植物园 8月2～16日初花，盛花期8月20日至9月13日，9月下旬末花；果实成熟期11月中旬至12月下旬。

迁地栽培要点

属直立茎类型，栽培过程中应注意摘心、控制顶端优势，促进侧茎生长，调整株形。采用富含有机质、透气、排水良好的复合营养基质栽培，植株生长发育期适当增施磷、钾肥，使直立茎健壮生长，提高植株的抗倒伏能力。

主要用途

室内盆栽或庭园栽培观赏。

保存植株

126
勐养秋海棠

Begonia silletensis (A. Candolle) C. B. Clarke subsp. ***mengyangensis*** Tebbitt & K. Y. Guan, Novon 12: 134. 2002.

营养生长植株

自然分布

分布于勐腊、景洪、勐海、沧源、瑞丽，生于海拔600～800m的林下阴湿沟谷或路边斜坡。中国特有种。

鉴别特征

根状茎，叶片大型，雌雄异株，蒴果无翅。

迁地栽培形态特征

多年生常绿草本，株高35～70cm，冠幅55～80cm。

茎 根状茎匍匐粗壮，褐绿色，直径2.5～5.0cm，长10～15cm。

叶 叶片大型，轮廓宽卵形至圆形，长15～25cm、宽10～14cm；叶面深绿色，无毛。

花 花被片白色或浅桃红色，二歧聚伞花序，着花数4～12朵，单株开花数极多，数十至上百朵。雄花直径3.5～4.2cm，外轮2被片阔卵形，内轮2被片倒卵状椭圆形；雌花直径4.0～5.5cm，外轮2被片卵圆形或近圆形，内轮被片2、有时3，长圆形。

果 浆果状蒴果，无翅。

受威胁状况评价

无危（LC）。

引种信息

昆明植物园 2000年5月，李景秀、向建英从云南勐腊勐仑野外采集引种（登记号2000-13）。

物候

昆明植物园 2月18～27日初花，盛花期3月5日至4月16日，4月下旬末花；果实成熟期6月上旬至7月下旬。

迁地栽培要点

属根状茎类型，采用富含有机质、透气、排水良好的复合营养基质栽培，切忌过深，以免根状茎腐烂。由于叶片大型茂密，栽培基质灌水应从叶下部喷入。开花期适当增加斜射光照，并增施磷、钾肥，使植株开花数多，花大、色艳。

主要用途

室内盆栽观赏。

雌株盛花

雌花

127
多花秋海棠

Begonia sinofloribunda Dorr, Harvard Pap. Bot. 4: 265. 1999.

初花植株

自然分布

分布于广西龙州，生于海拔230m的林下阴湿山谷或石灰岩间。中国特有种。

鉴别特征

根状茎，叶片盾状着生，卵状披针形，花被片浅绿紫色。

迁地栽培形态特征

多年生常绿草本，株高10～20cm，冠幅20～30cm。

茎 根状茎匍匐，斜升，褐紫色，直径1.2～2.0cm，长10～14cm。

叶 叶片轮廓卵状披针形，长6～12cm、宽2.5～4cm，叶片盾状着生；叶面深绿色，光滑无毛，被小圆突起。

花 花被片浅绿紫色，二歧聚伞花序，着花数3～6朵。雄花直径1.2～1.5cm，花被片2，倒卵形；雌花直径0.8～1.2cm，花被片2，扁圆形。

果 蒴果具不等3翅，较大翅镰状至长圆形。

受威胁状况评价

无危（LC）。

引种信息

昆明植物园 2005年，税玉民从广西野外采集引种（登记号2005-23）。

桂林植物园 引自广西龙州，引种编号30。

物候

昆明植物园 4月25日至5月8日初花，盛花期5月10日至6月3日，6月中旬末花；果实成熟期7月下旬至9月上旬。

桂林植物园 1月10日花序形成，6月10日末花；6月10日幼果，7月17日果实成熟；12月23日新芽萌动，1月8日叶片平展。

迁地栽培要点

属根状茎类型，采用富含有机质、透气、排水良好的复合营养基质栽培，切忌过深，以免根状茎腐烂。由于叶片数多密集，栽培基质灌水应从叶下部喷入。开花期适当增加斜射光照，并增施磷、钾肥，使植株开花数多，花色鲜艳。

主要用途

室内盆栽观赏。

雌花

雄花

128
长柄秋海棠

Begonia smithiana T. T. Yu ex Irmscher, Notes Roy. Bot. Gard. Edinburgh 21: 44. 1951.

盛花植株

自然分布

分布于湖北、湖南、贵州，生于海拔700～1320m的密林下阴湿沟谷、灌丛或岩石壁。中国特有种。

鉴别特征

根状茎，叶面深绿色略带紫红色，散生短硬毛。

迁地栽培形态特征

多年生常绿草本，株高20～30cm，冠幅35～65cm。

茎 根状茎匍匐，褐绿色，直径0.8～1.4cm，长8～11cm。

叶 叶片轮廓卵形至宽卵形，长6～12cm、宽4～8cm；叶面深绿色略带紫红色，散生短硬毛。

花 花被片粉红色，二歧聚伞花序，着花数3～6朵。雄花直径2.0～2.8cm，外轮2被片宽卵形，内轮2被片长卵圆形；雌花直径1.6～2.6cm，外轮2被片宽卵形，内轮被片2、有时1，狭椭圆形。

果 蒴果具不等3翅，较大翅长圆形。

受威胁状况评价

无危（LC）。

引种信息

昆明植物园 2003年8月23日，李宏哲从广西野外采集引种（登记号2003-10）。

桂林植物园 引种来源不详，引种编号31。

物候

昆明植物园 7月6～19日初花，盛花期7月20日至8月20日，8月下旬末花；果实成熟期10月下旬至12月上旬。

桂林植物园 7月28日花序形成，8月18日初花，9月1日盛花，10月11日末花；8月10日至翌年1月4日果实成熟；1月8日新芽萌动，2月15日叶片平展。

迁地栽培要点

属根状茎类型，采用富含有机质、透气、排水良好的复合营养基质栽培，切忌过深，以免根状茎腐烂。由于叶片数多密集，栽培基质灌水应从叶下部喷入。开花期适当增加斜射光照，并增施磷、钾肥，使植株开花数多，花大、色艳。

主要用途

室内盆栽观赏。根茎入药散瘀止血，解毒。

幼果

雌花

129
粉叶秋海棠

Begonia subhowii S. H. Huang, Acta Bot. Yunnan. 21: 20. 1999.

营养生长植株

自然分布

分布于云南麻栗坡，生于海拔1500m的石灰山密林下阴湿石缝或灌丛中。

鉴别特征

根状茎，叶面绿色无毛，幼叶略带暗红色。

迁地栽培形态特征

多年生常绿草本，株高25～40cm，冠幅40～65cm。

茎 根状茎匍匐粗壮，褐绿色，直径1.2～2.0cm，长9～13cm。

叶 叶片轮廓斜卵形，长6～12cm，宽4～8cm；叶面深绿色，无毛，近全缘，幼叶略带暗红色。

花 花被片白色或浅粉红色，二歧聚伞花序，着花数5～6朵。雄花直径2.5～4.2cm，外轮2被片广椭圆形，内轮2被片长圆形；雌花直径2.5～4.0cm，外轮2被片宽卵形，内轮被片3，椭圆形。

果 蒴果具不等3翅，较大翅长圆形。

受威胁状况评价

近危（NT）。

引种信息

昆明植物园 2000年4月，税玉民从云南东南部野外采集引种（登记号2000-15）。

物候

昆明植物园 12月10～23日初花，盛花期12月27日至翌年1月28日，2月上旬末花；果实成熟期3月中旬至5月上旬。

迁地栽培要点

属根状茎类型，采用富含有机质、透气、排水良好的复合营养基质栽培，切忌过深，以免根状茎腐烂。由于叶片较大、密集，栽培基质灌水应从叶下部喷入。开花期适当增加斜射光照，并增施磷、钾肥，使植株开花数多，花大、色艳。

主要用途

室内盆栽观赏。

雄花

幼叶

130
保亭秋海棠

Begonia sublongipes Y. M. Shui, Acta Bot. Yunnan. 26: 484. 2004.

自然分布

分布于海南琼海，生于海拔500m的林下阴湿山谷，路边土坎或溪流旁石壁。

鉴别特征

根状茎，匍匐茎节处着地即可生根，能攀缘生长，叶片光滑无毛。

迁地栽培形态特征

多年生常绿草本，株高15～18cm，冠幅18～20cm。

茎 根状茎匍匐茎节处着地即可生根，能攀缘生长，褐紫色，直径0.6～1.8cm，长8～16cm。

叶 叶片轮廓卵圆形，长8～12cm、宽4～6cm；叶面深绿色至褐绿色，光滑无毛。

花 花被片粉红色至桃红色，二歧聚伞花序，着花数10～15朵。雄花直径1.0～1.2cm，外轮2被片宽卵形，内轮2被片长圆形；雌花直径0.7～1.0cm，外轮2被片扁圆形，内轮被片1，长卵形。

果 蒴果具不等3翅，较大翅长圆形。

受威胁状况评价

无危（LC）。

引种信息

昆明植物园 2011年8月3日，李景秀、崔卫华从海南琼海野外采集引种（登记号2011-12）。

物候

昆明植物园 5月10～21日初花，盛花期5月25日至6月30日，7月上旬末花；果实成熟期8月下旬至10月上旬。

迁地栽培要点

属根状茎类型，采用富含有机质、透气、排水良好的复合营养基质栽培，切忌过深，以免根状茎腐烂。由于叶片较密集，栽培基质灌水应从叶下部喷入。开花期适当增加斜射光照，并增施磷、钾肥，使植株开花数多、色艳。

主要用途

室内盆栽观赏。

盛花植株

花序

雄花

131
光叶秋海棠

Begonia summoglabra T. T. Yu, Bull. Fan Mem. Inst. Biol., n.s., 1: 117. 1948.

自然分布

分布于云南屏边，生于海拔1400m的常绿阔叶林下阴湿石壁或岩石间。中国特有种。

鉴别特征

球状茎，叶面绿色，光滑无毛。

迁地栽培形态特征

多年生草本，株高10～15cm。具球状地下茎，冬季地上部分枯萎休眠。

茎 地下茎球状，褐绿色，直径1.0～2.2cm，着生多条须根。

叶 叶片轮廓卵圆形，长9～15cm、宽5～9cm；叶面褐黄绿色，光滑无毛。

花 花被片粉红色至玫红色，二歧聚伞花序，着花数3～6朵。雄花直径1.0～1.2cm，外轮2被片卵圆形，内轮2被片狭长圆形；雌花直径0.8～1.0cm，外轮2被片卵圆形，内轮被片1，狭长圆形。

果 蒴果，具近等3翅，较大翅镰状。

受威胁状况评价

数据缺乏（DD）。

引种信息

昆明植物园 引种记录不详。

物候

昆明植物园 11月10～16日初花，盛花期11月20日至12月22日，12月下旬末花；果实成熟期翌年2月中旬至3月下旬。

迁地栽培要点

属根状茎类型，采用富含有机质、透气、排水良好的复合营养基质栽培，切忌过深，以免根状茎腐烂。由于叶片较大，栽培基质灌水应从叶下部喷入。开花期适当增加斜射光照，并增施磷、钾肥，使植株开花数多，花大、色艳。

主要用途

室内盆栽观赏。

盛花植株

花序

132
台湾秋海棠

Begonia taiwaniana Hayata, J. Coll. Sci. Imp. Univ. Tokyo 30(1): 125. 1911.

自然分布

分布于台湾南部，生于林下阴湿沟谷。中国特有种。

鉴别特征

直立茎，叶片具银白色斑点，花被片白色。

迁地栽培形态特征

多年生常绿草本，株高25～40cm，冠幅30～45cm。

茎 地上茎直立，褐绿色，直径0.8～2.2cm，茎高25～35cm。

叶 叶片轮廓长卵形，长6～11cm、宽3.5～6cm；叶面绿色至褐绿色，光滑无毛，有时具银白色斑点。

花 花被片白色至极浅粉红色，二歧聚伞花序，着花数2～3朵。雄花直径2～2.5cm，外轮2被片倒卵形，内轮2被片卵圆形；雌花直径2～3.2cm，外轮2被片宽卵形，内轮被片2或3，卵圆形。

果 蒴果具不等3翅，较大翅三角形。

受威胁状况评价

无危（LC）。

引种信息

昆明植物园 2006年3月20日，彭镜毅、李宏哲从台湾高雄野外采集引种栽培（登记号2006-10）。

物候

昆明植物园 8月2～13日初花，盛花期8月15日至9月20日，9月下旬末花；果实成熟期11月下旬至翌年1月上旬。

迁地栽培要点

属直立茎类型，栽培过程中应注意摘心、控制顶端优势，促进侧茎生长，调整株形。采用富含有机质、透气、排水良好的复合营养基质栽培，植株生长发育期适当增施磷、钾肥，使直立茎健壮生长，提高植株的抗倒伏能力。

主要用途

室内盆栽或庭园栽培观赏。

雄花

雌花

成熟果实

133
四裂秋海棠

Begonia tetralobata Y. M. Shui , Ann. Bot. Fennici 44: 77. 2007

开花植株

自然分布

分布于云南马关，生于海拔840m的常绿阔叶林下阴湿山谷石灰岩壁或草丛中。

鉴别特征

根状茎，叶片大型，掌状4浅裂。

迁地栽培形态特征

多年生常绿草本，株高25～45cm，冠幅40～80cm。

茎 根状茎匍匐粗壮，褐绿色，直径2.0～4.5cm，长10～15cm。

叶 叶片大型，轮廓卵圆形，长15～22cm、宽8～12cm，掌状4浅裂；叶片正面褐绿色，光滑无毛，背面浅紫红色。

花 花被片浅桃红色，二歧聚伞花序，着花数3～6朵。雄花直径3.5～5.5cm，外轮2被片卵圆形，内轮2被片长圆形；雌花直径4.5～5.5cm，栽培植株雌花直径最高纪录9.6cm，外轮2被片宽卵形，内轮2被片倒卵形。

果 蒴果具不等3翅，较大翅长圆形。

受威胁状况评价

数据缺乏（DD）。

引种信息

昆明植物园 2009年3月28日，李景秀、胡枭剑、杨丽华从云南马关野外采集引种（登记号2009-20）。2011年12月18日，2013年3月5日、9月7日，李景秀、崔卫华、殷雪清、鲁元学、中田政司、志内利明，先后从云南马关野外采集引种（登记号2011-19、2013-9、2013-33）。

物候

昆明植物园 8月5～18日初花，盛花期8月20日至9月27日，10月上旬末花；果实成熟期11月下旬至12月下旬。

迁地栽培要点

属根状茎类型，采用富含有机质、透气、排水良好的复合营养基质栽培，切忌过深，以免根状茎腐烂。由于叶片大型，栽培基质灌水应从叶下部喷入。开花期适当增加斜射光照，并增施磷、钾肥，使植株开花数多，花大、色艳。

主要用途

室内盆栽观赏。

花序

雌花

134
截叶秋海棠

Begonia truncatiloba Irmscher, Mitt. Inst. Allg. Bot. Hamburg 10: 534. 1939.

营养生长植株

自然分布

分布于云南屏边、金平、河口、蒙自、西畴、麻栗坡，广西；生于海拔1000～1600m的密林下阴湿的沟谷或路边斜坡。中国特有种。

鉴别特征

根状茎，叶片大型，花被片白色。

迁地栽培形态特征

多年生常绿草本，株高40～60cm，冠幅40～75cm。

茎 根状茎匍匐粗壮，褐绿色，直径2.0～5.0cm，长10～15cm。

叶 叶片大型，轮廓扁圆形或斜卵形，长10～18cm、宽10～16cm，掌状5～6浅裂；叶面褐绿色，被短毛。

花 花被片白色，二歧聚伞花序，着花数5～6朵。雄花直径2.2～3.2cm，外轮2被片宽卵形，内轮2被片倒卵形；雌花直径2.0～3.0cm，外轮2被片卵形，内轮被片3，椭圆形。

果 蒴果具不等3翅，较大翅长圆形。

受威胁状况评价

无危（LC）。

引种信息

昆明植物园 1997年12月8日，田代科从云南麻栗坡野外采集引种（登记号1997-20）。2009年3月30日，李景秀、胡枭剑、杨丽华从云南河口野外采集引种（登记号2009-59）。

物候

昆明植物园 7月3～16日初花，盛花期7月20日至8月28日，9月上旬末花；果实成熟期10月下旬至12月上旬。

上海辰山植物园 10月26日花芽出现，11月3日初花。

迁地栽培要点

属根状茎类型，采用富含有机质、透气、排水良好的复合营养基质栽培，切忌过深，以免根状茎腐烂。由于叶片大型，栽培基质灌水应从叶下部喷入。开花期适当增加斜射光照，并增施磷、钾肥，使植株开花数多，花大、色艳。

主要用途

室内盆栽观赏。

叶面和叶背

雌花

135
伞叶秋海棠

Begonia umbraculifolia Y. Wan & B. N. Chang, Acta Phytotax. Sin. 25: 322. 1987.

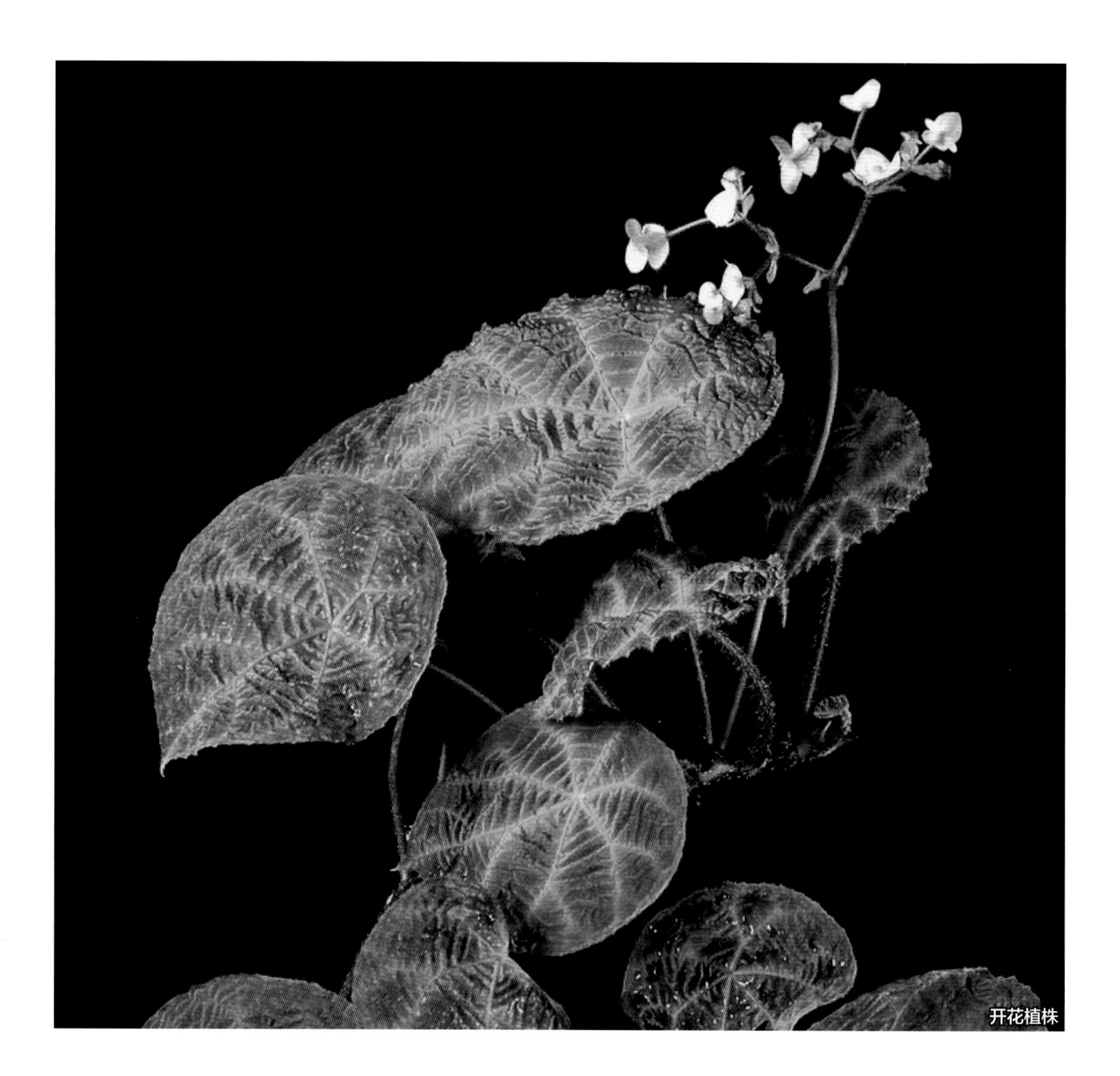
开花植株

自然分布

分布于广西大新、隆安，生于海拔170～500m的林下阴湿山谷或石灰岩间。中国特有种。

鉴别特征

根状茎，叶片盾状着生，厚革质。

形态特征

多年生常绿草本，株高18～25cm，冠幅20～28cm。

茎 根状茎匍匐，紫褐色，直径0.6～1.2cm，长5～8cm。

叶 叶片轮廓近圆形或宽卵形，先端尾尖，长9～15cm、宽6～12cm，叶片盾状着生，厚革质；叶面褐绿色，被糙伏毛。

花 花被片粉红色或桃红色，二歧聚伞花序，着花数8～12朵。雄花直径1.8～2.5cm，外轮2被片近圆形，内轮2被片椭圆形；雌花直径1.5～2.2cm，外轮2被片近圆形或宽卵形，内轮被片1，椭圆形。

果 蒴果，具近等3翅，较大翅镰状。

受威胁状况评价

易危（VU）。

引种信息

昆明植物园 2013年9月3日，李景秀、崔卫华从广西隆安野外采集引种（登记号2013-38）。

物候

昆明植物园 保存植株尚未开花结实。

迁地栽培要点

属根状茎类型，采用富含有机质、透气、排水良好的复合营养基质栽培，切忌过深，以免根状茎腐烂。由于叶片较大，栽培基质灌水应从叶下部喷入。

主要用途

室内盆栽观赏。全草入药散瘀消肿。

幼叶

成叶

136
变异秋海棠

Begonia variifolia Y. M. Shui & W. H. Chen, Acta Bot. Yunnan. 27: 372. 2005.

自然分布

分布于广西东兰保平，生于海拔400～420m的石灰岩山洞内阴湿石壁。中国特有种。

鉴别特征

根状茎，叶面紫褐色密被短柔毛，沿脉具银绿色斑纹。

迁地栽培形态特征

多年生常绿草本，株高10～15cm，冠幅18～28cm。

茎 根状茎匍匐，褐紫色，直径0.8～1.3cm，长2～12cm。

叶 叶片轮廓卵形或斜卵形，长6～8cm、宽4～5cm；叶面紫褐色，密被短柔毛，沿脉具银白色或银绿色斑纹。

花 花被片桃红色，二歧聚伞花序，着花数2～6朵。雄花直径1.2～1.5cm，外轮2被片卵圆形，内轮2被片长卵形；雌花直径0.8～1.0cm，外轮2被片扁圆形，内轮被片1，长卵形。

果 蒴果，具近等3翅，较大翅镰状。

受威胁状况评价

易危（VU）。

引种信息

昆明植物园 2013年8月28日，李景秀、崔卫华从广西东兰野外采集引种（登记号2013-21）。

物候

昆明植物园 2月3～16日初花，盛花期2月22日至3月18日，3月下旬末花；果实成熟期5月下旬至7月下旬。

迁地栽培要点

属根状茎类型，采用富含有机质、透气、排水良好的复合营养基质栽培，切忌过深，以免根状茎腐烂。由于叶片较大、平铺，栽培基质灌水应从叶下部喷入。开花期适当增加斜射光照，并增施磷、钾肥，使植株开花数多，花大、色艳。

主要用途

室内盆栽观赏。

植株

137
变色秋海棠

Begonia versicolor Irmscher, Mitt. Inst. Allg. Bot. Hamburg 10: 546. 1939.

自然分布

分布于云南屏边、麻栗坡，生于海拔1280～1320m的密林下阴湿山谷、路边草丛或溪沟边。中国特有种。

鉴别特征

根状茎，叶面绿色，褐绿色至紫褐色，有时具银白色斑纹。

迁地栽培形态特征

多年生常绿草本，株高15～30cm，冠幅20～40cm。

茎 根状茎匍匐，直径1.0～1.8cm，长8～12cm。

叶 叶片轮廓宽卵形或近圆形，长8～12cm、宽6～10cm；叶面绿色、褐绿色至紫褐色，密被基部锥状突起的糙毛，有时具银白色斑纹。

花 花被片粉红色，二歧聚伞花序，着花数2～4朵。雄花直径3.2～4.2cm，外轮2被片宽卵形，内轮2被片倒卵形；雌花直径1.6～2.2cm，外轮2被片近圆形，内轮被片3，倒卵形。

果 蒴果具不等3翅，较大翅三角形。

受威胁状况评价

无危（LC）。

引种信息

昆明植物园 1997年12月28日，田代科从云南屏边野外采集引种（登记号1997-23）。

物候

昆明植物园 5月5～18日初花，盛花期5月22日至6月30日，7月上旬末花；果实成熟期8月下旬至10月上旬。

迁地栽培要点

属根状茎类型，采用富含有机质、透气、排水良好的复合营养基质栽培，切忌过深，以免根状茎腐烂。由于叶片数多密集，栽培基质灌水应从叶下部喷入。开花期适当增加斜射光照，并增施磷、钾肥，使植株开花数多，花大、色艳。

主要用途

室内盆栽观赏。

花序
紫叶白斑
绿叶
紫褐叶绿白斑
结实植株
绿叶白斑

138
长毛秋海棠

Begonia villifolia Irmscher, Notes Roy. Bot. Gard. Edinburgh 21: 43. 1951.

自然分布

分布于云南屏边、西畴、麻栗坡、马关，生于海拔1100～1700m的常绿阔叶林下阴湿的沟谷或路边斜坡。

鉴别特征

直立茎，植株的新梢密被紫红色长柔毛。

迁地栽培形态特征

多年生常绿草本，株高40～70cm，冠幅35～65cm。

茎 地上茎直立，绿色，直径1.2～2.7cm，茎高30～60cm。

叶 叶片轮廓宽卵形，长9～15cm、宽7～13cm；叶面绿色或紫褐色，被黄褐色卷曲长柔毛。

花 花被片白色或浅粉红色，二歧聚伞花序，着花数2～4朵。雄花直径3.2～5.0cm，外轮2被片卵形，内轮2被片长圆形；雌花直径3.2～4.5cm，花被片5，卵圆形。

果 蒴果具不等3翅，较大翅镰状至长圆形。

受威胁状况评价

无危（LC）。

引种信息

昆明植物园 1995年张成敏从云南野外采集引种栽培（登记号1995-2）。2009年3月29日，李景秀、胡枭剑、杨丽华从云南河口野外采集引种（登记号2009-57）。2017年7月10日，李景秀、田玉清从云南西畴野外采集引种（登记号2017-4）。

物候

昆明植物园 3月12～28日初花，盛花期4月1～30日，5月上旬末花；果实成熟期6月下旬至8月上旬。

迁地栽培要点

属直立茎类型，栽培过程中应注意摘心、控制顶端优势，促进侧茎生长，调整株形。采用富含有机质、透气、排水良好的复合营养基质栽培，植株生长发育期适当增施磷、钾肥，使直立茎健壮生长，提高植株的抗倒伏能力。

主要用途

室内盆栽或庭园栽培观赏。

子房
幼果
幼叶及毛被
花序

保存植株

139
少瓣秋海棠

Begonia wangii T. T. Yu, Bull. Fan Mem. Inst. Biol., n.s., 1: 126. 1948.

盛花植株

自然分布

分布于云南富宁，生于海拔600～1000m的密林下石灰岩石壁。

鉴别特征

根状茎，花被片2，叶片盾状着生，背面紫红色。

迁地栽培形态特征

多年生常绿草本，株高25～35cm，冠幅30～60cm。

茎 根状茎匍匐粗壮，褐绿色，直径1.3～2.5cm，长8～13cm。

叶 叶片轮廓卵状长圆形，长7～20cm、宽3～10cm，叶片盾状着生；叶片正面褐绿色，背面紫红色。

花 花被片淡绿白色或桃红色，二歧聚伞花序，着花数6～12朵，单株开花数极多。雄花直径2.5～3.0cm，花被片2，卵圆形，先端急尖；雌花直径2.2～2.8cm，花被片2，宽卵形。

果 蒴果长卵形，具近等3翅，较大翅镰状。

受威胁状况评价

数据缺乏（DD）。

引种信息

昆明植物园 1997年从云南富宁野外采集引种（登记号1997-21）。2017年5月31日，孔繁才从广西靖西野外采集引种（登记号2017-1）。

桂林植物园 引种来源不详，引种编号33。

物候

昆明植物园 3月3～12日初花，盛花期3月15日至4月21日，4月下旬末花；果实成熟期6月下旬至7月下旬。

桂林植物园 12月23日花序形成，3月13日初花；12月23日新芽萌动，翌年1月2日叶片平展。

迁地栽培要点

属根状茎类型，采用富含有机质、透气、排水良好的复合营养基质栽培，切忌过深，以免根状茎腐烂。由于叶片较大、密集，栽培基质灌水应从叶下部喷入。开花期适当增加斜射光照，并增施磷、钾肥，使植株开花数多，花大、色艳。

主要用途

室内盆栽观赏。全草入药理气活血，调经润肤。

雄花

雌花

子房

140
文山秋海棠

Begonia wenshanensis C. M. Hu ex C. Y. Wu & T. C. Ku, Acta Phytotax. Sin. 33: 262. 1995.

保存植株

自然分布

分布于云南文山、富宁，生于海拔1400～2200m的混交林或常绿阔叶林下阴湿山谷。中国特有种。

鉴别特征

直立茎，叶片三角状卵形，花被片桃红色。

迁地栽培形态特征

多年生常绿草本，株高30～45cm，冠幅25～40cm。

茎 地上茎直立，褐绿色，直径1.1～2.0cm，茎高20～35cm。

叶 叶片轮廓三角状卵形，长7～12cm、宽4.5～7cm；叶面深绿色，微被柔毛。

花 花被片桃红色，二歧聚伞花序，着花数2～3朵。雄花直径2～2.5cm，外轮2被片长卵形，内轮2被片椭圆形；雌花直径1.8～2cm，外轮2被片宽卵形，内轮被片1，椭圆形。

果 蒴果具不等3翅，较大翅长圆形。

受威胁状况评价

无危（LC）。

引种信息

昆明植物园 1997年田代科从云南文山野外采集引种（登记号1997-22）。

物候

昆明植物园 6月4～15日初花，盛花期6月18日至7月17日，7月下旬末花；果实成熟期9月下旬至10月下旬。

迁地栽培要点

属直立茎类型，栽培过程中应注意摘心、控制顶端优势，促进侧茎生长，调整株形。采用富含有机质、透气、排水良好的复合营养基质栽培，植株生长发育期适当增施磷、钾肥，使直立茎健壮生长，提高植株的抗倒伏能力。

主要用途

室内盆栽观赏。

花序

141
雾台秋海棠

Begonia wutaiana C. I. Peng & Y. K. Chen, Bot. Bull. Acad. Sin. 46: 268. 2005.

自然分布

分布于台湾，生于阔叶林下阴湿沟谷或林缘土坎。中国特有种。

鉴别特征

直立茎，叶片长卵状披针形，叶面深绿色，光滑无毛。

迁地栽培形态特征

多年生常绿草本，株高25～45cm，冠幅30～50cm。

茎 地上茎直立，褐绿色，直径1.1～2.3cm，茎高20～35cm。

叶 叶片轮廓长卵状披针形，长7～12cm、宽3.5～6.2cm；叶面深色至褐绿色，光滑无毛。

花 花被片桃红色至极浅粉红色，二歧聚伞花序，着花数3～6朵。雄花直径2.2～2.8cm，外轮2被片倒卵形，内轮2被片长卵形；雌花直径2.3～3.5cm，外轮2被片宽卵形，内轮被片2或3，长卵圆形。

果 蒴果具不等3翅，较大翅长圆形。

受威胁状况评价

无危（LC）。

引种信息

昆明植物园 2006年3月20日，彭镜毅、李宏哲从台湾野外采集引种栽培（登记号2006-4）。

物候

昆明植物园 4月18～30日初花，盛花期5月3日至6月7日，7月中旬末花；果实成熟期8月上旬至9月下旬。

迁地栽培要点

属直立茎类型，栽培过程中应注意摘心、控制顶端优势，促进侧茎生长，调整株形。采用富含有机质、透气、排水良好的复合营养基质栽培，植株生长发育期适当增施磷、钾肥，使直立茎健壮生长，提高植株的抗倒伏能力。

主要用途

室内盆栽或庭园栽培观赏。

营养生长植株
花序
雄花

142
黄瓣秋海棠

Begonia xanthina J. D. Hooker, Bot. Mag. 78: t. 4683. 1852.

开花植株

自然分布

分布于云南盈江，生于海拔1500m的密林下阴湿的沟谷，路边斜坡或石壁。

鉴别特征

根状茎，花被片黄色。

迁地栽培形态特征

多年生常绿草本，株高20～40cm，冠幅28～45cm。

茎 根状茎匍匐粗状，褐紫色，直径1.2～2.3cm，长8～12cm。

叶 叶片轮廓长卵圆形，长12～18cm、宽8～13cm；叶面褐绿色至褐紫色，有时具银白色斑点。

花 花被片黄色，二歧聚伞花序，着花数4～10朵。雄花直径4.0～4.2cm，外轮2被片卵圆形，内轮2被片长卵圆形；雌花直径2.0～2.5cm，外轮2被片卵圆形，内轮被片3，倒卵形。

果 蒴果具不等3翅，较大翅长圆形。

受威胁状况评价

无危（LC）。

引种信息

昆明植物园 2007年12月25日，胡枭剑从云南盈江野外采集引种（登记号2007-34）。

物候

昆明植物园 10月16～28日初花，盛花期11月5～30日，12月上旬末花；果实成熟期翌年2月上旬至3月下旬。

迁地栽培要点

属根状茎类型，采用富含有机质、透气、排水良好的复合营养基质栽培，切忌过深，以免根状茎腐烂。由于叶片较大，栽培基质灌水应从叶下部喷入。开花期适当增加斜射光照，并增施磷、钾肥，使植株开花数多，花大、色艳。

主要用途

室内盆栽观赏。

幼果

雄花

国外野生种记述（31种）

143
棱茎秋海棠

Begonia angularis Raddi

自然分布

原产巴西东部，生于海拔600～1500m的阴湿雨林中。1820年由W. Schott发现。

鉴别特征

直立茎，茎6棱，叶片沿中脉银白色。

迁地栽培形态特征

多年生常绿草本，株高40～55cm，冠幅50～60cm。

茎 地上茎直立，褐绿色，直径0.8～2.5cm，茎高30～40cm。

叶 叶片轮廓长卵形，长8～12cm、宽5～7cm；叶面褐绿色，光滑无毛。

花 花被片白色，二歧聚伞花序，着花数25～35朵。雄花直径1.5～1.8cm，外轮2被片卵圆形，内轮2被片长圆形；雌花直径1.2～1.6cm，外轮2被片宽卵形，内轮被片2，卵圆形。

果 蒴果具不等3翅，较大翅镰状。

受威胁状况评价

数据缺乏（DD）。

引种信息

昆明植物园 2002年10月23日，管开云从美国引种栽培（登记号2002-17）。

物候

昆明植物园 8月20～30日初花，盛花期9月3日至10月26日，11月中旬末花；果实成熟期11月上旬至12月下旬。

迁地栽培要点

属直立茎类型，栽培过程中应注意摘心、控制顶端优势，促进侧茎生长，调整株形。采用富含有机质、透气、排水良好的复合营养基质栽培，植株生长发育期适当增施磷、钾肥，使直立茎健壮生长，提高植株的抗倒伏能力。

主要用途

室内盆栽或庭园栽培观赏。

雄花

花序

144
有角秋海棠

Begonia angulata Vellozo

自然分布

原产巴西东部，生于阴湿的大西洋沿岸雨林中。

鉴别特征

直立茎，叶片沿中脉和一级脉银白色。

迁地栽培形态特征

多年生常绿草本，株高55～80cm，冠幅50～60cm。

茎 地上茎直立，紫褐色，直径1.0～2.5cm，茎高50～70cm。

叶 叶片轮廓长卵状披针形，长10～15cm、宽5～7cm；叶面褐绿色，光滑无毛。

花 花被片白色，二歧聚伞花序，着花数50～65朵。雄花直径0.8～1.2cm，外轮2被片卵圆形，内轮2被片长圆形；雌花直径0.6～1.0cm，外轮2被片倒卵形，内轮被片3，卵圆形。

果 蒴果具不等3翅，较大翅三角形。

受威胁状况评价

数据缺乏（DD）。

引种信息

昆明植物园 2002年10月23日，管开云从美国引种栽培（登记号2002-16）。

物候

昆明植物园 8月2～10日初花，盛花期8月20日至9月26日，10月中旬末花；果实成熟期11月下旬至12月下旬。

迁地栽培要点

属直立茎类型，栽培过程中应注意摘心、控制顶端优势，促进侧茎生长，调整株形。采用富含有机质、透气、排水良好的复合营养基质栽培，植株生长发育期适当增施磷、钾肥，使直立茎健壮生长，提高植株的抗倒伏能力。

主要用途

室内盆栽或庭园栽培观赏。

雄花序

雌花序

保存植株盛花

145 玻利维亚秋海棠

Begonia boliviensis A.DC.

自然分布

原产南美洲安第斯山脉。1857年由Weddell发现。

鉴别特征

球状茎，叶片卵状披针形，花被片桃红色至红色，雄蕊群长柱状。

迁地栽培形态特征

多年生常绿草本，株高35～50cm。具球状地下茎，冬季地上部分枯萎休眠。

茎 地下茎球状，褐绿色，直径3～6cm，着生多条须根。

叶 叶片轮廓卵状披针形，长8～10cm、宽3～5cm；叶面深绿色，被疏短粗毛或近无毛。

花 花被片桃红色至红色，二歧聚伞花序，着花数3～6朵。雄花直径5～7cm，外轮2被片长卵形，内轮2被片长条形，向外反卷，雄蕊群轮生成长柱状；雌花直径3.5～5cm，外轮2被片长卵状披针形，内轮被片3，长条形。

果 蒴果具不等3翅，较大翅三角形。

受威胁状况评价

数据缺乏（DD）。

引种信息

昆明植物园 2010年3月25日，李景秀、中里君从日本松江花鸟园引种栽培（登记号2010-33、2010-40）。

物候

昆明植物园 5月12～28日初花，盛花期6月2～30日，7月上旬末花；果实成熟期8月下旬至9月下旬，11月下旬植株地上部分枯萎进入休眠期，翌年4月下旬萌芽开始恢复生长。

迁地栽培要点

属球状茎类型，定植栽培宜浅不宜深，采用富含有机质、透气、排水良好的复合营养基质栽培。植株休眠期避免栽培基质浇水过多造成球状茎腐烂，也应注意控制节水过度导致球状茎失水死亡。开花期增施磷、钾肥，植株开花整齐数多，花大、色艳。

主要用途

室内盆栽观赏。

保存植株

雌雄花

花序

146
波氏红花秋海棠

Begonia bowerae Ziesenhenne var. ***roseiflora***

盛花植株

自然分布

原产墨西哥南部，生于海拔1220m的林下阴湿沟谷或林缘。

鉴别特征

根状茎，叶片卵形，花被片桃红色。

迁地栽培形态特征

多年生常绿草本，株高25～40cm，冠幅30～50cm。

茎 根状茎匍匐粗壮，有时略斜升，褐绿色，直径2.0～2.5cm，长8～12cm。

叶 叶片轮廓卵形，长5～7cm、宽3.5～5.0cm；叶面绿色至褐绿色，叶柄具紫红色条纹，叶缘被白柔毛。

花 花被片桃红色至浅粉红色，二歧聚伞花序，着花数30～40朵。雄花直径1.3～1.6cm，花被片2，倒卵形；雌花直径1.2～1.5cm，花被片2，倒卵形。

果 蒴果具不等3翅，较大翅镰状至三角形。

受威胁状况评价

数据缺乏（DD）。

引种信息

昆明植物园 1997年11月28日，管开云从日本引种栽培（登记号1997-32）。

物候

昆明植物园 2月2～8日初花，盛花期2月10日至3月28日，4月上旬末花；果实成熟期5月中旬至6月下旬。

迁地栽培要点

属根状茎类型，采用富含有机质、透气、排水良好的复合营养基质栽培，切忌过深，以免根状茎腐烂。由于叶片数多密集，栽培基质灌水应从叶下部喷入。开花期适当增加斜射光照，并增施磷、钾肥，使植株开花数多、色艳。

主要用途

室内盆栽观赏。

雌花

雄花

147
茎姿秋海棠

Begonia carrieae Ziesenhenne

保存植株

自然分布

原产墨西哥。于1976年发表。

鉴别特征

根状茎，花被片白色，叶柄被白色长刚毛。

迁地栽培形态特征

多年生常绿草本，株高25~40cm，冠幅30~40cm。

茎 根状茎匍匐粗壮，褐绿色，直径2.5～4.0cm，长10～13cm。

叶 叶片轮廓卵圆形，长8～15cm、宽6～13cm；叶面翠绿色，被白色长柔毛。

花 花被片白色，二歧聚伞花序，着花数20～35朵。雄花直径1.8～2.2cm，花被片2，卵圆形；雌花直径1.6～2.0cm，花被片2，扁圆形。

果 蒴果具不等3翅，较大翅三角形。

受威胁状况评价

数据缺乏（DD）。

引种信息

昆明植物园 2009年8月5日，皮文林、李景秀从法国里昂引种栽培（登记号2009-136）。

物候

昆明植物园 4月3～15日初花，盛花期4月20日至5月29日，6月上旬末花；果实成熟期7月下旬至8月下旬。

迁地栽培要点

属根状茎类型，采用富含有机质、透气、排水良好的复合营养基质栽培，切忌过深，以免根状茎腐烂。由于叶片较大、密集，栽培基质灌水应从叶下部喷入。开花期适当增加斜射光照，并增施磷、钾肥，使植株开花数多，花大、色艳。

主要用途

室内盆栽观赏。

花序

盛花植株

148
古巴秋海棠

Begonia cubensis Hassk., ARL.

自然分布

原产古巴东部，生于海拔400～1200m林下阴湿沟谷或林缘。

鉴别特征

直立茎，叶片卵状披针形，花被片桃红色。

迁地栽培形态特征

多年生常绿草本，株高40～50cm，冠幅35～55cm。

茎 根状茎粗壮，有时垂吊延伸，浅紫色，直径0.6～2.0cm，茎高35～45cm。

叶 叶片轮廓卵状披针形，长5～9cm、宽3～4cm；叶面绿色，无毛，叶缘被白柔毛。

花 花被片桃红色至极浅粉红色，二歧聚伞花序，着花数3～6朵。雄花直径2.5～3.0cm，外轮2被片倒卵形，内轮2被片长圆形；雌花直径2.2～2.8cm，外轮2被片倒卵形，内轮被片2，长卵形。

果 蒴果具不等3翅，较大翅三角形。

受威胁状况评价

数据缺乏（DD）。

引种信息

昆明植物园 2002年10月23日，管开云从美国引种栽培（登记号2002-29）。

物候

昆明植物园 8月16～30日初花，盛花期9月10日至10月5日，10月中旬末花；果实成熟期11月下旬至翌年1月上旬。

迁地栽培要点

属直立茎类型，栽培过程中应注意摘心、控制顶端优势，促进侧茎生长，调整株形。采用富含有机质、透气、排水良好的复合营养基质栽培，植株生长发育期适当增施磷、钾肥，使直立茎健壮生长，提高植株的抗倒伏能力。

主要用途

室内盆栽或庭园栽培观赏。

雄花蕾

白花型

保存植株盛花

149 银点秋海棠

Begonia delisiosa Lind. et Fotsch

初花植株

自然分布

原产波兰。1933年由Linden发表。

鉴别特征

直立茎，叶片具银白色斑点。

迁地栽培形态特征

多年生常绿草本，株高25～50cm，冠幅30～60cm。

茎 直立茎粗壮，褐绿色，直径0.6～2.0cm，茎高20～40cm。

叶 叶片轮廓阔卵形，长7～10cm、宽4～6cm；叶面深绿色，被银白色斑纹。

花 花被片粉红色，二歧聚伞花序，着花数3～6朵。雄花直径1.5～2.0cm，外轮2被片阔卵形，内轮2被片长卵形；雌花直径1.2～1.7cm，外轮2被片倒卵形，内轮被片2，长卵形。

果 蒴果具不等3翅，较大翅长圆形。

受威胁状况评价

数据缺乏（DD）。

引种信息

昆明植物园 1996年前，夏德云、冯桂华从国外引种栽培（登记号1996前-7）。

物候

昆明植物园 9月3～15日初花，盛花期9月20日至10月15日，10月下旬末花；果实成熟期12月下旬至翌年1月下旬。

迁地栽培要点

属直立茎类型，栽培过程中应注意摘心、控制顶端优势，促进侧茎生长，调整株形。采用富含有机质、透气、排水良好的复合营养基质栽培，植株生长发育期适当增施磷、钾肥，使直立茎健壮生长，提高植株的抗倒伏能力。

主要用途

室内盆栽或庭园栽培观赏。

雄花蕾

叶片斑纹

150
迪特里希秋海棠

Begonia dietrichiana Irmscher

营养生长植株

自然分布

原产巴西东南部。于1953年发表。

鉴别特征

直立茎，花被片，叶片紫褐色，光滑无毛。

迁地栽培形态特征

多年生常绿草本，株高30～50cm，冠幅30～65cm。

茎 地上茎直立，紫褐色，直径0.5～1.5cm，茎高20～45cm。

叶 叶片轮廓长椭圆形，长6～9cm、宽3～4cm；叶面紫褐色，光滑无毛。

花 花被片白色，二歧聚伞花序，着花数6～9朵。雄花直径1.0～1.5cm，外轮2被片卵圆形，内轮2被片长卵形；雌花直径0.8～1.2cm，外轮2被片卵圆形，内轮被片2，长圆形。

果 蒴果具不等3翅，较大翅镰状至三角形。

受威胁状况评价

数据缺乏（DD）。

引种信息

昆明植物园 1984年，夏德云、冯桂华从国外引种栽培（登记号1984-7）。

物候

昆明植物园 5月20～31日初花，盛花期6月3日至7月5日，7月中旬末花；果实成熟期9月上旬至10月下旬。

迁地栽培要点

属直立茎类型，栽培过程中应注意摘心、控制顶端优势，促进侧茎生长，调整株形。采用富含有机质、透气、排水良好的复合营养基质栽培，植株生长发育期适当增施磷、钾肥，使直立茎健壮生长，提高植株的抗倒伏能力。

主要用途

室内盆栽或庭园栽培观赏。

初花植株

花序

151
纳塔秋海棠

Begonia dregei Ott. et Dietr.

自然分布

原产非洲纳塔尔。1836年由J. F. Drege发表。

鉴别特征

地上茎直立，茎基膨大，花被片白色。

迁地栽培形态特征

多年生常绿草本，株高35～50cm，冠幅25～40cm。

茎 地上茎直立，茎基膨大呈半球茎，紫褐色，直径0.6～8.5cm，茎高30～50cm。

叶 叶片轮廓卵圆形，长4～5cm、宽3～4cm；叶面褐绿色至褐紫色，光滑无毛。

花 花被片白色至极浅粉红色，二歧聚伞花序，着花数4～8朵。雄花直径1.0～1.8cm，花被片2，卵圆形；雌花直径1.2～1.5cm，外轮2被片卵形，内轮被片1，长卵形。

果 蒴果具不等3翅，较大翅三角形。

受威胁状况评价

数据缺乏（DD）。

引种信息

昆明植物园 2002年，管开云从瑞典引种栽培（登记号2002-107A）。

物候

昆明植物园 5月15～28日初花，盛花期6月10日至9月28日，10月上旬末花；果实成熟期9月上旬至12月下旬。

迁地栽培要点

属半球茎类型，定植栽培宜浅不宜深，采用富含有机质、透气、排水良好的复合营养基质栽培。植株茎基膨大含水量较高，栽培生长过程中应避免栽培基质浇水过多造成半球茎腐烂，也应注意控制节水过度导致植株失水死亡。开花期适当增加斜射光照，并增施磷、钾肥，使植株开花数多，花色鲜艳，也使直立茎健壮生长，提高植株的抗倒伏能力。

主要用途

室内盆景栽培观赏。

保存植株盛花

花序

152
枫叶秋海棠

Begonia dregei var. ***macbethii*** L. H. Bailey

自然分布

原产非洲纳塔尔。于1961年发表。

鉴别特征

地上茎直立，茎基膨大，叶片掌状3～4浅裂，具银白色斑点。

迁地栽培形态特征

多年生常绿草本，株高35～60cm，冠幅25～45cm。

茎 地上茎直立，茎基膨大呈半球茎，褐绿色，直径0.8～9.0cm，茎高30～55cm。

叶 叶片轮廓长卵圆形，长4～5cm、宽2.5～3.0cm；叶面褐绿色至绿色，光滑无毛。

花 花被片白色至极浅粉红色，二歧聚伞花序，着花数4～8朵。雄花直径1.5～2.0cm，花被片2，卵圆形；雌花直径1.3～1.8cm，外轮2被片卵圆形，内轮被片3，卵圆形。

果 蒴果具不等3翅，较大翅三角形。

受威胁状况评价

数据缺乏（DD）。

引种信息

昆明植物园 2002年，管开云从瑞典引种栽培（登记号2002-107B）。

物候

昆明植物园 5月15～28日初花，盛花期6月10日至9月28日，10月上旬末花；果实成熟期9月上旬至12月下旬。

迁地栽培要点

属半球茎类型，定植栽培宜浅不宜深，采用富含有机质、透气、排水良好的复合营养基质栽培。植株茎基膨大含水量较高，栽培生长过程中应避免栽培基质浇水过多造成半球茎腐烂，也应注意控制节水过度导致植株失水死亡。开花期适当增加斜射光照，并增施磷、钾肥，使植株开花数多花色鲜艳，也使直立茎健壮生长，提高植株的抗倒伏能力。

主要用途

室内盆景栽培观赏。

雌花、雄花和果实

雄花

雌花

保存植株初花

153
异叶秋海棠

Begonia egregia N. E. Brown

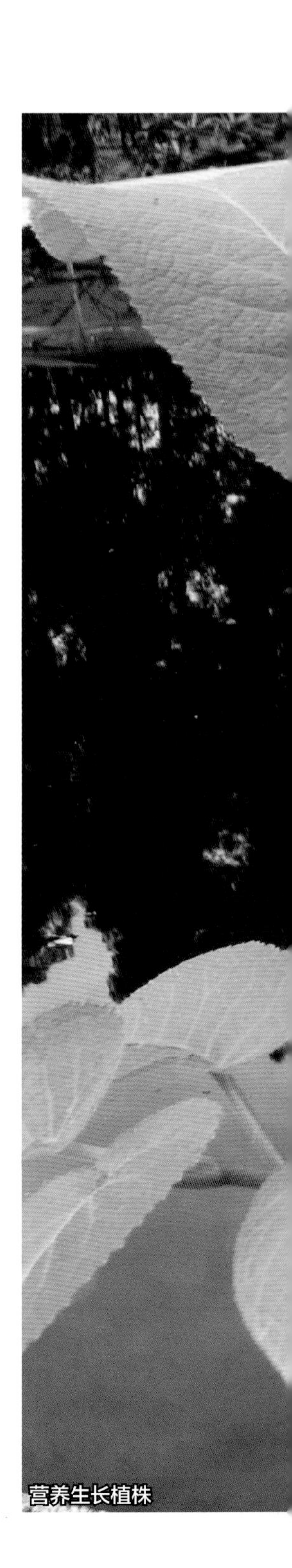
营养生长植株

自然分布

原产巴西东南部。1887年由Brown发表。

鉴别特征

直立茎，叶片有的盾状着生，长卵状披针形，花被片白色。

迁地栽培形态特征

多年生常绿草本，株高40~50cm，冠幅50~65cm。

茎 直立茎粗壮，褐绿至褐黄色，直径0.6~2.0cm，茎高30~40cm。

叶 叶片有的盾状着生，轮廓长卵状披针形，长8~13cm、宽3~5cm；叶面绿色，被白柔毛。

花 花被片白色，二歧聚伞花序，着花数15~25朵。雄花直径0.8~1.3cm，花被片2，阔卵形；雌花直径0.5~1.0cm，花被片2或3，卵圆形。

果 蒴果具不等3翅，较大翅三角形至镰状。

受威胁状况评价

数据缺乏（DD）。

引种信息

昆明植物园 2002年10月23日，管开云从美国引种栽培（登记号2002-42）。

物候

昆明植物园 3月19~30日初花，盛花期4月2~28日，5月上旬末花；果实成熟期7月上旬至8月下旬。

迁地栽培要点

属直立茎类型，栽培过程中应注意摘心、控制顶端优势，促进侧茎生长，调整株形。采用富含有机质、透气、排水良好的复合营养基质栽培，植株生长发育期适当增施磷、钾肥，使直立茎健壮生长，提高植株的抗倒伏能力。

主要用途

室内盆栽或庭园栽培观赏。

154
多叶秋海棠

Begonia foliosa Humb., Bonpl. et Kunth

自然分布

原产哥伦比亚、厄瓜多尔、委内瑞拉，生于海拔1200～3000m的阔叶林下阴湿沟谷或林缘。1825年由Humbolt和Bonp land发表。

鉴别特征

直立茎，叶片小，椭圆形，花被片白色至桃红色。

迁地栽培形态特征

多年生常绿草本，株高30～55cm，冠幅45～50cm。

茎 直立茎粗壮，褐紫色，直径0.7～2.2cm，茎高27～53cm。

叶 叶片轮廓椭圆形，长1.6～2.5cm、宽0.6～1.2cm；叶面褐绿色，无毛。

花 花被片白色至桃红色，二歧聚伞花序，着花数2～4朵。雄花直径1.0～1.5cm，外轮2被片卵圆形，内轮2被片长卵形；雌花直径0.6～1.2cm，外轮2被片倒卵形，内轮被片2，卵圆形。

果 蒴果具不等3翅，较大翅镰状。

受威胁状况评价

数据缺乏（DD）。

引种信息

昆明植物园 1981年，夏德云、冯桂华引种栽培（登记号1981-1）。

物候

昆明植物园 9月14～28日初花，盛花期10月2～30日，11月上旬末花；果实成熟期12月上旬至翌年1月下旬。

迁地栽培要点

属直立茎类型，栽培过程中应注意摘心、控制顶端优势，促进侧茎生长，调整株形。采用富含有机质、透气、排水良好的复合营养基质栽培，植株生长发育期适当增施磷、钾肥，使直立茎健壮生长，提高植株的抗倒伏能力。

主要用途

室内盆栽或庭园栽培观赏。

开花植株

155
柳叶秋海棠

Begonia fuchsioides J. D. Hooker

营养生长植株

自然分布

原产墨西哥。于1874年发表。

鉴别特征

直立茎，叶片长椭圆形，花被片深桃红色。

迁地栽培形态特征

多年生常绿草本，株高30～50cm，冠幅30～55cm。

茎 直立茎粗壮，紫褐色，直径0.6～2.3cm，茎高28～48cm。

叶 叶片轮廓长椭圆形，长4～6cm、宽2～3cm；叶面深绿色，光滑无毛。

花 花被片深桃红色，二歧聚伞花序，着花数3～6朵。雄花直径2.5～3.0cm，外轮2被片卵圆形，内轮2被片倒卵形；雌花直径2.1～2.6cm，外轮2被片卵圆形，内轮被片2，长卵形。

果 蒴果具不等3翅，较大翅长圆形至三角形。

受威胁状况评价

数据缺乏（DD）。

引种信息

昆明植物园 2002年10月23日，管开云从美国引种栽培（登记号2002-50）。

物候

昆明植物园 4月25日至5月6日初花，盛花期5月10日至9月20日，10月中旬末花；果实成熟期8月下旬至翌年2月下旬。

迁地栽培要点

属直立茎类型，栽培过程中应注意摘心、控制顶端优势，促进侧茎生长，调整株形。采用富含有机质、透气、排水良好的复合营养基质栽培，植株生长发育期适当增施磷、钾肥，使直立茎健壮生长，提高植株的抗倒伏能力。

主要用途

室内盆栽或庭园栽培观赏。

初花植株

156
纤细秋海棠

Begonia gracillis var. ***martiana*** A. DC.

自然分布

原产墨西、哥危地马拉。1864年由Ferdinand Deppe发表。

鉴别特征

球状茎，叶片近圆形，花被片桃红色。

迁地栽培形态特征

多年生草本，株高25~40cm。具球状地下茎，冬季地上部分枯萎休眠。

茎 地下茎球状，褐绿色，直径1.5~3.0cm，着生多条须根。

叶 叶片轮廓近圆形，长5.5~8.0cm、宽4~6cm；叶面绿色，被疏短白毛。

花 花被片桃红色，二歧聚伞花序圆锥状，着花数12~15朵。雄花直径2.5~3.0cm，外轮2被片扁圆形，内轮2被片卵形；雌花直径1.6~2.5cm，外轮2被片扁圆形，内轮被片2，卵圆形。

果 蒴果具不等3翅，较大翅镰状。

受威胁状况评价

数据缺乏（DD）。

引种信息

昆明植物园 2009年8月12日，加茂元照、桑坦真理子从日本花鸟园引种栽培（登记号2009-157）。

物候

昆明植物园 7月15~28日初花，盛花期8月2~28日，9月上旬末花；果实成熟期10月下旬至11月下旬；12月上旬植株地上部分枯萎进入休眠期，翌年4月中旬萌芽恢复生长。

迁地栽培要点

属球状茎类型，定植栽培宜浅不宜深，采用富含有机质、透气、排水良好的复合营养基质栽培。植株休眠期避免栽培基质浇水过多造成球状茎腐烂，也应注意控制节水过度导致球状茎失水死亡。开花期增施磷、钾肥，植株开花整齐数多，花大、色艳。

主要用途

室内盆栽观赏。

初花

现蕾

幼果

157
苁叶秋海棠

Begonia herbacea Vellozo

自然分布

原产巴西东部。于1831年发表。

鉴别特征

根状茎极短，叶片带状丛生，花被片白色。

迁地栽培形态特征

多年生常绿草本，株高15～25cm，冠幅15～25cm。

茎 根状茎匍匐极短，褐绿色，直径1.5～2.5cm，长3～7cm。

叶 叶片轮廓带状披针形，长10～18cm、宽2.5～4.0cm；叶面亮绿色，光滑无毛。

花 花被片白色至乳白色，二歧聚伞花序、梗极短，着花数2～4朵。雄花直径1.8～2.5cm，花被片2，扁圆形；雌花直径2.0～3.0cm，外轮2被片卵圆形，内轮被片1，卵圆形。

果 蒴果具不等3翅，较大翅镰状。

受威胁状况评价

数据缺乏（DD）。

引种信息

昆明植物园 1997年11月28日，管开云从日本引种栽培（登记号1997-47）。

物候

昆明植物园 4月20～30日初花，盛花期5月1～28日，6月上旬末花；果实成熟期8月下旬至9月下旬。

迁地栽培要点

属根状茎类型，采用富含有机质、透气、排水良好的复合营养基质栽培，切忌过深，以免根状茎腐烂。由于根状茎极短，叶片苁生、密集，栽培基质灌水应从叶侧面下部喷入。开花期适当增加斜射光照，并增施磷、钾肥，使植株开花数多，花大、色艳。

主要用途

室内盆栽观赏。

花序

营养生长植株

158
僧帽秋海棠

Begonia hispida Schott var. *cuculifolia* Irmscher

营养生长植株

自然分布

原产巴西。于1953年发表。

鉴别特征

直立茎，叶面主脉着生小叶，花被片白色。

迁地栽培形态特征

多年生常绿草本，株高35~60cm，冠幅30~55cm。

茎 直立茎粗壮，紫褐色，直径0.6~2.5cm，茎高30~55cm。

叶 叶片轮廓卵圆形，长8～13cm、宽5～10cm；叶面绿色，密被白柔毛，沿主脉着生小叶。

花 花被片白色，二歧聚伞花序，着花数3～6朵。雄花直径1.5～2.0cm，外轮2被片卵圆形，内轮2被片长卵形；雌花直径1.2～1.5cm，外轮2被片扁圆形，内轮被片2，长卵形。

果 蒴果具不等3翅，较大翅长圆形。

受威胁状况评价

数据缺乏（DD）。

引种信息

昆明植物园 1981年，夏德云、冯桂华引种栽培（登记号1981-2）。

物候

昆明植物园 8月2～15日初花，盛花期8月20日至9月12日，9月下旬末花；果实成熟期11月下旬至12月下旬。

迁地栽培要点

属直立茎类型，栽培过程中应注意摘心、控制顶端优势，促进侧茎生长，调整株形。采用富含有机质、透气、排水良好的复合营养基质栽培，植株生长发育期适当增施磷、钾肥，使直立茎健壮生长，提高植株的抗倒伏能力。

主要用途

室内盆栽或庭园栽培观赏。

叶片

159
丽纹秋海棠

Begonia kui C. I. Peng, Botanical Studies. 48: 127-132. 2007.

初生长植株

自然分布

原产越南北部，生于阔叶林下阴湿石灰岩间。

鉴别特征

根状茎，叶片紫褐色具银白色斑纹，花被片桃红色。

迁地栽培形态特征

多年生常绿草本，株高12~18cm，冠幅18~25cm。

茎 根状茎匍匐，褐紫色，直径1.0~2.2cm，长6~10cm。

叶 叶片轮廓近圆形，长8~12cm、宽6~10cm；叶面紫褐色，脉间具银白色条状斑纹，密被紫红色长柔毛。

花 花被片桃红色，二歧聚伞花序，着花数20～30朵。雄花直径1.5～1.8cm，外轮2被片倒卵圆形，内轮2被片倒卵形；雌花直径1.0～1.3cm，外轮2被片近圆形，内轮被片1，长圆形。

果 蒴果具不等3翅，较大翅镰刀状。

受威胁状况评价

数据缺乏（DD）。

引种信息

昆明植物园 引种记录不详，可能2011年由彭镜毅、邓某野外采集引种栽培。

物候

昆明植物园 9月8～20日初花，盛花期9月25日至10月22日，10月下旬末花；果实成熟期12月上旬至翌年1月下旬。

迁地栽培要点

属根状茎类型，采用富含有机质、透气、排水良好的复合营养基质栽培，切忌过深，以免根状茎腐烂。由于叶片大、平铺生长，栽培基质灌水应从叶下部喷入。开花期适当增加斜射光照，并增施磷、钾肥，使植株开花数多，花色鲜艳。

主要用途

室内盆栽观赏。

营养生长植株

160
竹节秋海棠

Begonia maculata Raddi, Mem. Mat. Fis. Soc. Ital. Sci. Modena, Pt. Mem, Fis. 18:406. 1820.

自然分布

原产巴西东部。1820年由Riedel发表。

鉴别特征

直立茎，叶片盾状着生，具银白色斑点。

迁地栽培形态特征

多年生常绿草本，株高25～45cm，冠幅20～35cm。

茎 直立茎粗壮，紫褐色，直径0.6～2.5cm，茎高20～40cm。

叶 叶片轮廓长卵状披针形，长10～18cm、宽3～6cm；叶面褐绿色，光滑无毛。

花 花被片白色至极浅粉红色，二歧聚伞花序，着花数3～6朵。雄花直径1.5～2.2cm，外轮2被片卵圆形，内轮2被片长卵形；雌花直径1.2～1.8cm，外轮2被片卵圆形，内轮被片1或2，长卵圆形。

果 蒴果具不等3翅，较大翅三角形。

受威胁状况评价

数据缺乏（DD）。

引种信息

昆明植物园 2008年5月28日，小林悦夫从日本秋海棠协会引种栽培（登记号2008-11）。

物候

昆明植物园 10月20～30日初花，盛花期11月3～28日，12月上旬末花；果实成熟期翌年2月上旬至3月下旬。

迁地栽培要点

属直立茎类型，栽培过程中应注意摘心、控制顶端优势，促进侧茎生长，调整株形。采用富含有机质、透气、排水良好的复合营养基质栽培，植株生长发育期适当增施磷、钾肥，使直立茎健壮生长，提高植株的抗倒伏能力。

主要用途

室内盆栽或庭园栽培观赏。

幼株

初花植株

161
彩纹秋海棠

Begonia masoniana var. ***maculata*** S. K. Chen, R. X. Zheng et D. Y. Xia, Acta Bot. Yunnan. 8(2): 232. 1986.

开花植株

自然分布

原产越南北部，生于阔叶林下阴湿沟谷或石灰岩间。

鉴别特征

根状茎，叶片具褐色掌状斑纹，花被片黄绿色。

迁地栽培形态特征

多年生常绿草本，株高25~40cm，冠幅30~50cm。

茎 根状茎匍匐粗壮，紫褐色，直径2.0～4.0cm，长3～13cm。

叶 叶片轮廓卵圆形，长10～16cm、宽8～12cm；叶面褐绿色，密被锥状长硬毛。

花 花被片黄绿色，二歧聚伞花序，着花数30～40朵。雄花直径0.8～1.2cm，外轮2被片倒卵形，内轮2被片长圆形；雌花直径0.5～0.8cm，花被片2，卵圆形。

果 蒴果具不等3翅，较大翅长圆形至三角形。

受威胁状况评价

数据缺乏（DD）。

引种信息

昆明植物园 1986年，夏德云、冯桂华引种栽培（登记号1986-1）。

物候

昆明植物园 6月5～16日初花，盛花期6月20日至7月 18日，7月下旬末花；果实成熟期9月上旬至10月下旬。

迁地栽培要点

属根状茎类型，采用富含有机质、透气、排水良好的复合营养基质栽培，切忌过深，以免根状茎腐烂。由于叶片大型、数多，栽培基质灌水应从叶下部喷入。开花期适当增加斜射光照，并增施磷、钾肥，使植株开花数多，花色鲜艳。

主要用途

室内盆栽观赏。

雄花

雌花

叶片斑纹

162
莲叶秋海棠

Begonia nelumbiifolia Cham. et Schlecht.

自然分布

原产墨西哥、哥伦比亚，生于阔叶林下阴湿沟谷或林缘。

鉴别特征

根状茎，叶片盾状着生，花被片白色。

迁地栽培形态特征

多年生常绿草本，株高40～60cm，冠幅45～70cm。

茎 根状茎匍匐粗壮，褐紫色，直径2.5～4.5cm，长10～16cm。

叶 叶片轮廓卵圆形，长12～22cm、宽10～18cm，叶片盾状着生；叶面绿色，光滑无毛。

花 花被片白色，二歧聚伞花序，着花数45～60朵。雄花直径1.5～1.8cm，花被片2，倒卵形；雌花直径0.8～1.3cm，花被片2，扁圆形。

果 蒴果具不等3翅，较大翅镰状。

受威胁状况评价

数据缺乏（DD）。

引种信息

昆明植物园 2000年，管开云从巴西引种栽培（登记号2000-19）。

物候

昆明植物园 1月2～15日初花，盛花期1月20日至2月18日，2月上旬末花；果实成熟期4月上旬至5月下旬。

上海辰山植物园 2月14日花芽出现，2月28日至3月7日初花，3月17～27日末花。

迁地栽培要点

属根状茎类型，采用富含有机质、透气、排水良好的复合营养基质栽培，切忌过深，以免根状茎腐烂。由于叶片大型，栽培基质灌水应从叶下部喷入。开花期适当增加斜射光照，并增施磷、钾肥，使植株开花数多，花色鲜艳。

主要用途

室内盆栽观赏。

初花

植株

163
靓脉秋海棠

Begonia olsoniae L. B. Smith et B. G. Schu.

自然分布

原产巴西。1965年由syn. vollozoana发表。

鉴别特征

根状茎，叶片卵圆形，叶面褐绿色，叶脉亮绿色。

迁地栽培形态特征

多年生常绿草本，株高25~35cm，冠幅35~60cm。

茎 根状茎匍匐粗壮，褐绿色，直径1.5~3.0cm，长10~14cm。

叶 叶片轮廓卵圆形，长10~15cm、宽6~9cm；叶面褐绿色，密被粉红色长柔毛。

花 花被片白色略带桃红色，二歧聚伞花序，着花数3~6朵。雄花直径3.5~4cm，外轮2被片长卵形，内轮2被片长卵形；雌花直径2.5~3.0cm，外轮2被片宽卵形，内轮被片2，宽卵形。

果 蒴果具不等3翅，较大翅长圆形至三角形。

受威胁状况评价

数据缺乏（DD）。

引种信息

昆明植物园 引种记录不详。

物候

昆明植物园 5月6~18日初花，盛花期6月20日至7月23日，6月下旬末花；果实成熟期9月上旬至11月上旬。

迁地栽培要点

属根状茎类型，采用富含有机质、透气、排水良好的复合营养基质栽培，切忌过深，以免根状茎腐烂。由于叶片较大型、密集，栽培基质灌水应从叶下部喷入。开花期适当增加斜射光照，并增施磷、钾肥，使植株开花数多，花大、色艳。

主要用途

室内盆栽观赏。

幼株

营养生长植株

164
亚灌木秋海棠

Begonia oxyphylla A. DC.

营养生长植株

自然分布

原产巴西。1859年发表。

鉴别特征

直立茎，叶片长卵状披针形，平行脉，花被片白色。

迁地栽培形态特征

多年生常绿草本，株高50～80cm，冠幅35～60cm。

茎 直立茎粗壮，紫褐色，直径0.7～3.0cm，茎高40～70cm。

叶 叶片轮廓长卵状披针形，长12～18cm、宽3.5～6cm；叶面褐绿色，平行脉，无毛。

花 花被片白色，二歧聚伞花序，着花数上百朵。雄花直径0.4~0.8cm，花被片2或4，卵圆形；雌花直径0.4~0.6cm，花被片2或4，倒卵形。

果 蒴果具不等3翅，较大翅镰状。

受威胁状况评价

数据缺乏（DD）。

引种信息

昆明植物园 1996年前，夏德云、冯桂华引种栽培（登记号1996前-12）。

物候

昆明植物园 7月18~28日初花，盛花期8月5~29日，9月上旬末花；果实成熟期11月上旬至12月下旬。

迁地栽培要点

属直立茎类型，栽培过程中应注意摘心、控制顶端优势，促进侧茎生长，调整株形。采用富含有机质、透气、排水良好的复合营养基质栽培，植株生长发育期适当增施磷、钾肥，使直立茎健壮生长，提高植株的抗倒伏能力。

主要用途

室内盆栽或庭园栽培观赏。

保存植株初花

花序

盛花植株

165
蓼叶秋海棠

Begonia partita Irmscher

开花植株

自然分布

原产南部非洲。1961年由Irmscher发表。

鉴别特征

直立茎，茎基膨大，叶片掌状深裂，似枫叶，光滑无毛。

迁地栽培形态特征

多年生常绿草本，株高45～55cm，冠幅40～65cm。

茎 直立茎粗壮，茎基肉质膨大，褐绿色，直径0.7～2.8cm，茎高40～50cm。

叶 叶片轮廓卵状披针形，长4～5cm、宽1.0～2.5cm，掌状3～4深裂，似枫叶；叶面绿色，光滑无毛。

花 花被片白色，二歧聚伞花序，着花数2～4朵。雄花直径0.8～1.5cm，花被片2，卵圆形；雌花直径0.6～1.2cm，外轮2被片阔卵形，内轮被片1，卵圆形。

果 蒴果具不等3翅，较大翅三角形。

受威胁状况评价

数据缺乏（DD）。

引种信息

昆明植物园 2002年10月23日，管开云从美国引种栽培（登记号2002-76）。

物候

昆明植物园 8月5～12日初花，盛花期8月18日至9月7日，9月中旬末花；果实成熟期月11上旬至12月下旬。

迁地栽培要点

属半球状茎类型，定植栽培宜浅不宜深，采用富含有机质、透气、排水良好的复合营养基质栽培。植株茎基肉质膨大，含水量高，应避免栽培基质浇水过多造成茎基腐烂，也应注意控制节水过度导致植株失水死亡。开花期增施磷、钾肥，植株开花整齐数多，花色鲜艳，也使直立茎健壮生长，提高植株的抗倒伏能力。

主要用途

室内盆栽观赏。

166
皮尔斯秋海棠

Begonia pearcei J. D. Hooker

自然分布

原产玻利维亚，生于阔叶林下阴湿石灰岩间或林缘沟谷。

鉴别特征

球状茎，花被片黄色，叶片褐绿色，掌状脉明亮清晰。

迁地栽培形态特征

多年生常绿草本，株高18~25cm。具球状地下茎，冬季地上部分枯萎休眠。

茎 地下茎球状，褐绿色，直径2.5~4.0cm，着生多条须根。

叶 叶片轮廓卵形，长5~8cm、宽3~5cm；叶面褐绿色，掌状脉明亮清晰。

花 花被片黄色，二歧聚伞花序，着花数4~6朵。雄花直径3.0~3.5cm，外轮2被片近圆形，内轮2被片长倒卵形；雌花直径3.0~3.5cm，外轮2被片阔倒卵形，内轮被片3，长倒卵形。

果 蒴果具不等3翅，较大翅三角形。

受威胁状况评价

数据缺乏（DD）。

引种信息

昆明植物园 2010年3月25日，李景秀、中里君从日本松江花鸟园引种栽培（登记号2010-39）。

物候

昆明植物园 6月20~28日初花，盛花期7月3日至8月10日，8月中旬末花；果实成熟期10月上旬至11月下旬。12月上旬植株地上部分茎叶枯萎进入休眠期，翌年4月中旬萌芽开始恢复生长。

迁地栽培要点

属球状茎类型，定植栽培宜浅不宜深，采用富含有机质、透气、排水良好的复合营养基质栽培。植株休眠期避免栽培基质浇水过多造成球状茎腐烂，也应注意控制节水过度导致球状茎失水死亡。开花期增施磷、钾肥，植株开花整齐数多，花大、色艳。

主要用途

室内盆栽观赏。

雌花

雄花

保存植株盛花

营养生长植株

初花植株

167
棱果秋海棠

Begonia prismatocarpa J. D. Hooker

自然分布

原产非洲象牙海岸。1862年由G. Mann发表。

鉴别特征

根状茎，叶片卵形二浅裂，花被片橘黄色。

迁地栽培形态特征

多年生常绿草本，株高8～12cm，冠幅6～10cm。

茎 根状茎匍匐，褐绿色，直径6～10mm，长5～8cm。

叶 叶片轮廓卵形二浅裂，长4～5cm、宽2～3cm；叶面绿色，光滑无毛。

花 花被片橘黄色，二歧聚伞花序，着花数2～4朵。雄花直径1.4～1.8cm，花被片2，倒卵形；雌花直径1.2～1.5cm，花被片2，卵圆形。

果 蒴果长卵形，果翅缩小，较大翅长棱状。

受威胁状况评价

数据缺乏（DD）。

引种信息

昆明植物园 2004年6月16日，李景秀从日本秋海棠协会引种栽培（登记号2004-5）。2006年2月9日，神户敏成、鲁元学从日本富山中央植物园引种栽培（登记号2006-2）。

物候

昆明植物园 4月8～20日初花，盛花期4月25日至5月17日，5月下旬末花；栽培保存植株正常开花，但未能正常结实。

迁地栽培要点

属根状茎类型，采用富含有机质、透气、排水良好的复合营养基质栽培，切忌过深，以免根状茎腐烂。由于叶柄较纤细，栽培基质灌水应从叶下部喷入。开花期适当增加斜射光照，并增施磷、钾肥，使植株开花数多，花色鲜艳。

主要用途

室内盆栽观赏。

开花植株

168 宁巴四翅秋海棠

Begonia quadrialata Warb. subsp. *nimbaensis* M. Sosef

初花植株

自然分布

原产西部非洲几内亚、利比里亚和科特迪瓦边境的宁巴山，生于海拔350～1600m林下阴湿石灰岩间。

鉴别特征

根状茎，叶片盾状着生，花被片橘黄色。

迁地栽培形态特征

多年生常绿草本，株高15～18cm，冠幅15～22cm。

茎 根状茎匍匐，紫褐色，直径0.8～1.6cm，长6～10cm。

叶 叶片轮廓卵形，长5～7cm、宽2.5～4.0cm；叶面褐绿色，光滑无毛，沿掌状脉紫褐色，叶缘被疏长毛。

花 花被片橘黄色，二歧聚伞花序，着花数2～4朵。雄花直径1.8～2.0cm，花被片2或1，阔卵形；雌花直径1.6～1.8cm，花被片2，阔卵形。

果 蒴果长卵形，具近等3翅，三棱状。

受威胁状况评价

数据缺乏（DD）。

引种信息

昆明植物园 2002年11月，神户敏成从日本富山中央植物园引种栽培（登记号2002-109）。2004年6月16日，李景秀从日本秋海棠协会引种栽培（登记号2004-6）。

物候

昆明植物园 7月20～28日初花，盛花期8月2～27日，9月上旬末花；栽培保存植株正常开花，但未能正常结实。

迁地栽培要点

属根状茎类型，采用富含有机质、透气、排水良好的复合营养基质栽培，切忌过深，以免根状茎腐烂。由于叶片数多密集，栽培基质灌水应从叶下部喷入。开花期适当增加斜射光照，并增施磷、钾肥，使植株开花数多，花色鲜艳。

主要用途

室内盆栽观赏。

花序

169
气根秋海棠

Begonia radicans Vellozo

自然分布

原产巴西东部大西洋沿岸，生于阔叶林下阴湿的沟谷或林缘。于1827年发表。

鉴别特征

直立茎蔓生，叶片长椭圆形，花被片橙红至桃红色。

迁地栽培形态特征

多年生常绿草本，株高12～20cm，冠幅30～60cm。

茎 直立茎蔓生藤状，褐绿色，直径0.5～1.5cm，长10～60cm。

叶 叶片轮廓长椭圆形，长7～10cm、宽3～5cm；叶面绿色，光滑无毛。

花 花被片橙红色至桃红色，二歧聚伞花序，着花数6～18朵。雄花直径2.5～3.5cm，外轮2被片卵圆形，内轮2被片长带状；雌花直径3.0～3.5cm，外轮2被片长卵圆形，内轮被片3，长圆形。

果 蒴果具不等3翅，较大翅长圆形至三角形。

受威胁状况评价

数据缺乏（DD）。

引种信息

昆明植物园 1998年5月3日，管开云从澳大利亚引种栽培（登记号1998-56）。

物候

昆明植物园 5月8～20日初花，盛花期5月23日至6月29日，7月上旬末花；果实成熟期8月上旬至9月下旬。

迁地栽培要点

属直立茎类型，但直立茎藤状蔓延，栽培过程中应注意摘心、控制顶端优势，促进侧茎生长，调整株形，拟垂吊栽培。采用富含有机质、透气、排水良好的复合营养基质栽培，植株生长发育期适当增施磷、钾肥，使蔓生茎健壮生长，使植株开花数多，花大、色艳。

主要用途

室内垂吊盆栽观赏。

雌花
雄花
花被片
花序
保存植株初花
营养生长植株

170
牛耳秋海棠

Begonia sanguinea Raddi

植株

自然分布

原产巴西。1820年由Sello发表。

鉴别特征

直立茎，叶片厚革质，卵形褐绿色无毛，花被片白色。

迁地栽培形态特征

多年生常绿草本，株高40～45cm，冠幅45～50cm。

茎 地上茎直立，褐绿至褐紫色，直径0.5～1.6cm，茎高35～40cm。

叶 叶片厚革质、轮廓卵形，长7～10cm、宽3～5cm；叶面褐绿色，光滑无毛，背面紫红色。

花 花被片白色，二歧聚伞花序，着花数12～15朵。雄花直径1.3～2.0cm，外轮2被片阔卵形，内轮2被片带状至线状；雌花直径1.2～1.8cm，花被片2，倒卵形。

果 蒴果具不等3翅，较大翅三角形。

受威胁状况评价

数据缺乏（DD）。

引种信息

昆明植物园 1996年前，夏德云、冯桂华引种栽培（登记号1996前-16）。

物候

昆明植物园 3月13～28日初花，盛花期4月3日至5月17日，5月下旬末花；果实成熟期7月上旬至8月下旬。

迁地栽培要点

属直立茎类型，栽培过程中应注意摘心、控制顶端优势，促进侧茎生长，调整株形。采用富含有机质、透气、排水良好的复合营养基质栽培，植株生长发育期适当增施磷、钾肥，使直立茎健壮生长，提高植株的抗倒伏能力。

主要用途

室内盆栽观赏，茎枝柔软，也可悬挂栽培观赏。

171
红筋秋海棠

Begonia scharffi J. D. Hooker

自然分布

原产巴西东部。由Hooker发表。

鉴别特征

直立茎，叶片长卵形，褐绿色，被疏短毛。

迁地栽培形态特征

多年生常绿草本，株高40~70cm，冠幅50~70cm。

茎 地上茎直立，紫褐色，直径0.6~2.5cm，茎高35~65cm。

叶 叶片轮廓长卵形，长7~12cm、宽3~6cm；叶面褐绿色，被疏短毛。

花 花被片桃红色或白色，二歧聚伞花序，着花数12~15朵。雄花直径3.0~3.5cm，外轮2被片团扇形，内轮2被片带状；雌花直径3.2~3.5cm，外轮2被片卵圆形，内轮被片3，长卵圆形。

果 蒴果具不等3翅，较大翅长三角形。

受威胁状况评价

数据缺乏（DD）。

引种信息

昆明植物园 1996年前，夏德云、冯桂华引种栽培（登记号1996前-18）。

物候

昆明植物园 8月9~31日初花，盛花期9月2日至10月15日，10月下旬末花；果实成熟期12月上旬至翌年1月下旬。

迁地栽培要点

属直立茎类型，栽培过程中应注意摘心、控制顶端优势，促进侧茎生长，调整株形。采用富含有机质、透气、排水良好的复合营养基质栽培，植株生长发育期适当增施磷、钾肥，使直立茎健壮生长，提高植株的抗倒伏能力。

主要用途

室内盆栽或庭园栽培观赏。

雌花序
雄花序
保存植株盛花
盛花
初花

172
茸毛秋海棠

Begonia scharffiana Regel

自然分布

原产巴西。1887年由Scharff发表。

鉴别特征

直立茎，叶片长卵形，褐绿色，密被长柔毛，叶缘反卷。

迁地栽培形态特征

多年生常绿草本，株高40～50cm，冠幅45～55cm。

茎 地上茎直立，粗壮，褐紫色，直径0.6～2.5cm，茎高35～45cm。

叶 叶片轮廓长卵形，长6～10cm、宽3～5cm；叶面褐绿色，密被长柔毛，叶缘反卷。

花 花被片浅桃红色，二歧聚伞花序，着花数8～10朵。雄花直径2.5～3.0cm，外轮2被片扁圆形，内轮2被片长圆形；雌花直径2.5～2.8cm，外轮2被片倒卵形，内轮被片2或3，长卵形。

果 蒴果具不等3翅，较大翅长圆形至镰状。

受威胁状况评价

数据缺乏（DD）。

引种信息

昆明植物园 1998年5月3日，管开云从澳大利亚引种栽培（登记号1998-58）。

物候

昆明植物园 9月3～15日初花，盛花期9月20日至10月12日，10月下旬末花；果实成熟期12月下旬至翌年1月下旬。

迁地栽培要点

属直立茎类型，栽培过程中应注意摘心、控制顶端优势，促进侧茎生长，调整株形。采用富含有机质、透气、排水良好的复合营养基质栽培，植株生长发育期适当增施磷、钾肥，使直立茎健壮生长，提高植株的抗倒伏能力。

主要用途

室内盆栽或庭园栽培观赏。

初花植株

173
施密特秋海棠

Begonia schmidtiana Regel

自然分布

原产巴西南部。1877年由Scharff和Haage发表。

鉴别特征

直立茎，叶片卵形，褐绿色，密被长柔毛。

迁地栽培形态特征

多年生常绿草本，株高22~35cm，冠幅25~40cm。

茎 直立茎纤细，褐紫色，直径0.5~1.5cm，茎高20~30cm。

叶 叶片轮廓卵形，长6~8cm、宽3.5~5cm；叶面褐绿色，密被长柔毛。

花 花被片浅粉红至白色，二歧聚伞花序，着花数4~8朵。雄花直径1.5~2.2cm，外轮2被片阔卵形，内轮2被片长卵形；雌花直径1.8~2.2cm，外轮2被片卵圆形，内轮被片3，卵圆形。

果 蒴果具不等3翅，较大翅三角形。

受威胁状况评价

数据缺乏（DD）。

引种信息

昆明植物园 1996年6月5日，管开云从英国引种栽培（登记号1996-7）。

物候

昆明植物园 3月1~8日初花，盛花期3月10日至5月15日，5月下旬末花；果实成熟期6月下旬至8月下旬。

迁地栽培要点

属直立茎类型，栽培过程中应注意摘心、控制顶端优势，促进侧茎生长，调整株形。采用富含有机质、透气、排水良好的复合营养基质栽培，植株生长发育期适当增施磷、钾肥，使直立茎健壮生长，提高植株的抗倒伏能力。

主要用途

室内盆栽或庭园栽培观赏。

雄花

雌花

保存植株盛花

秋海棠属植物繁殖和栽培技术要点

一、秋海棠属植物播种育苗基本方法

秋海棠属植物的果实一般在花后3个月成熟，果实含种子约13000粒，非常细小，千粒重仅0.018g。因此，对播种育苗的方法和管理措施要求较为精细。以生物统计学正交试验设计的基本理论和方法为依据，列出影响秋海棠属植物种子发芽的温度、光照、播种基质和品种4个主要因素，每个因素采用3个不同的处理，进行了4因素3水平的播种试验，求得了秋海棠属植物种子播种育苗的最佳方案。

秋海棠属植物的种子能在黑暗条件下发芽，不需要光照，种子发芽最适宜的温度是22～25℃。播种基质以天然高山黑钙土最佳，用腐殖质土：河沙=5：1的复合营养土也可达到预期的效果。在同等播种管理条件下，国外园艺品种由于多年栽培驯化而表现出较强的栽培性，种子发芽时间短、出苗快，播种到出苗约需12天；国产野生种从播种到出苗至少需要25天，杂交子代介于两者之间，种子播种后20天能够出苗。

秋海棠种子直接播种繁殖育苗

二、秋海棠属植物扦插繁殖技术

1. 扦插繁殖的基本条件

秋海棠属植物的茎、叶有再生能力，种质资源迁地保育未能获得种子时均可作为扦插繁殖的材料。多年扦插繁殖增殖保育试验结果表明，无论是茎扦插还是叶插，扦插基质以珍珠岩最佳，扦插床的温度以22～28℃、基质温度18～22℃为宜，插床的空气相对湿度控制在60%～75%左右，扦插床以寒冷纱遮阴、塑料薄膜覆盖，光照强度控制在5000～6000lx。以台式床或容器扦插为宜，保持排水、透气良好，适时浇水、喷洒，给以最佳的插床管理。茎插者20～25天能够生根成苗，生根成苗率可达90%～95%，叶片扦插则15～20天切口发根、60～80天能产生不定芽形成新植株，植株成苗率70%～85%。

2. 扦插的技术方法

（1）茎插的要点

直立茎类地上茎粗壮、分枝多、节间长，可取茎作为扦插繁殖的材料。一般从茎基部开始保留1～2个节，其余部分可切下作为茎插或叶插的材料。茎插的插穗一般带2～3个节为宜，由于茎节处营养物质和植物激素的积累较丰富，因此，节处较节间易于生根。插穗的调整以茎基一节处切成马蹄形切口，保留1～2个叶片，由于叶片边缘和叶尖的表皮气孔分布较多，极易失水，为保持插穗的水分平衡、减少水分蒸腾，当插穗所带的叶片较大时，应将叶缘和叶尖切除。有条件时应配制200mg/L的NAA、2,4-D、IBA等生长刺激素溶液，将插穗的切口在生长刺激素溶液中浸数秒后立即以45º斜插入基质约3～4cm，对插穗的发根和根系的生长均有促进作用；而受条件限制时可不使用生长刺激素直接扦插，因为秋海棠属植物再生能力较强、激素处理与不处理的对比试验结果有差异，但差异不显著。

（2）叶插的关键技术

无论是直立茎类还是根状茎类，叶片数量多，可以切取，是最容易获得的扦插繁殖材料，在野生种的扩大增殖中尤其突出。因此，叶片扦插是秋海棠属植物扦插繁殖中最普遍、最常用的方法。

A. 整叶平插

在秋海棠属植物叶片的叶肉组织中，分布着许多粗细不等、分枝呈网状的维管束，即主脉和各级侧脉。维管束将叶肉组织进行光合作用合成的光合产物向下输送到根部，在叶脉的交叉处（即分枝处）营养物质和生长调节物质的积累较丰富，此处切开后切口易于再生新植株。而且，一级侧脉分枝处的营养水平高于二级侧脉分枝处，一级侧脉分枝处的植株再生机率大于二级侧脉分枝处的植株再生几率。

插穗选择平展、生长旺盛、健壮无病虫害的成熟叶片，在叶脉交叉处用刀片轻轻横切一0.5～1cm长的切口，从一级侧脉交叉至二级侧脉交叉直到可辨多级侧脉交叉处，为提高叶片的成苗率，尽可能将可辨交叉点均横切。调整插穗，从叶基开始保留叶柄长4～5cm，将叶柄完全直插入基质，使叶片平铺基质表面，在叶片表面适当用小卵石或碎瓦砾压固，使叶片紧贴基质并能够充分吸水。

B. 锥形插

选择平展、生长旺盛、健壮无病虫害的成熟叶片，在叶柄顶端以叶脉汇集处为中心将叶片连同叶柄按一小圆形切掉，周围部分卷成松散的锥形或漏斗状，下部直插入基质约4cm。将剩余带有少量叶片部分的叶柄从叶基开始切短，留下4～5cm直插入基质，使叶基部分紧密接触基质而充分吸水。

C. 楔形插

选择平展、生长旺盛、健壮无病虫害的成熟叶片，从叶基部开始，沿叶柄两侧斜上将部分叶片连同叶柄以楔形切下，剩余大部分叶片至少含一对叶脉分枝，沿两脉外沿切成一楔形（或三角形）插穗，楔基略斜插入基质约4cm即可。由于楔形插的方法易于掌握、操作简便，插穗调整速度快、效率高而常被采用。

秋海棠属植物常见扦插繁殖方式的生根苗

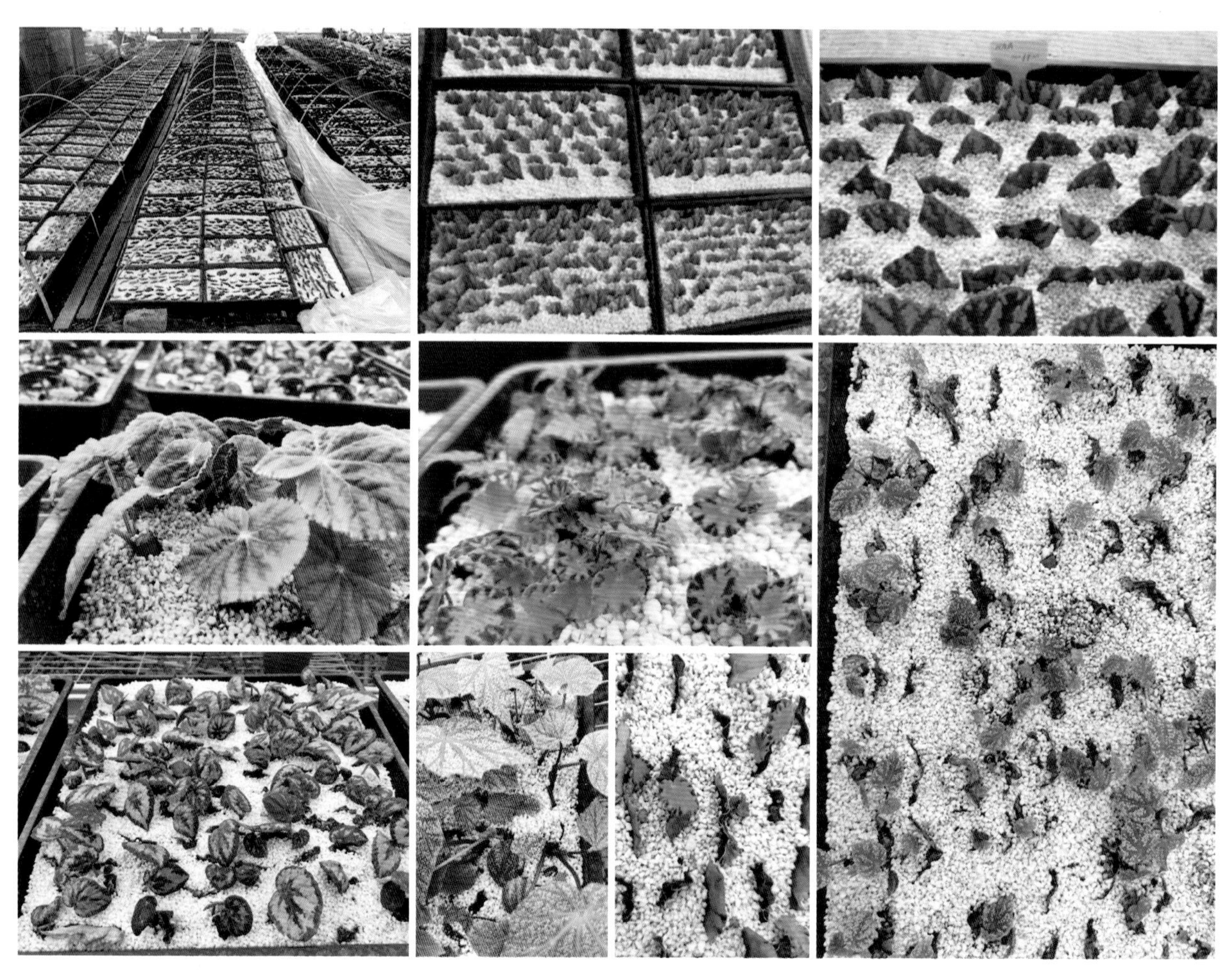

秋海棠扦插繁殖场景

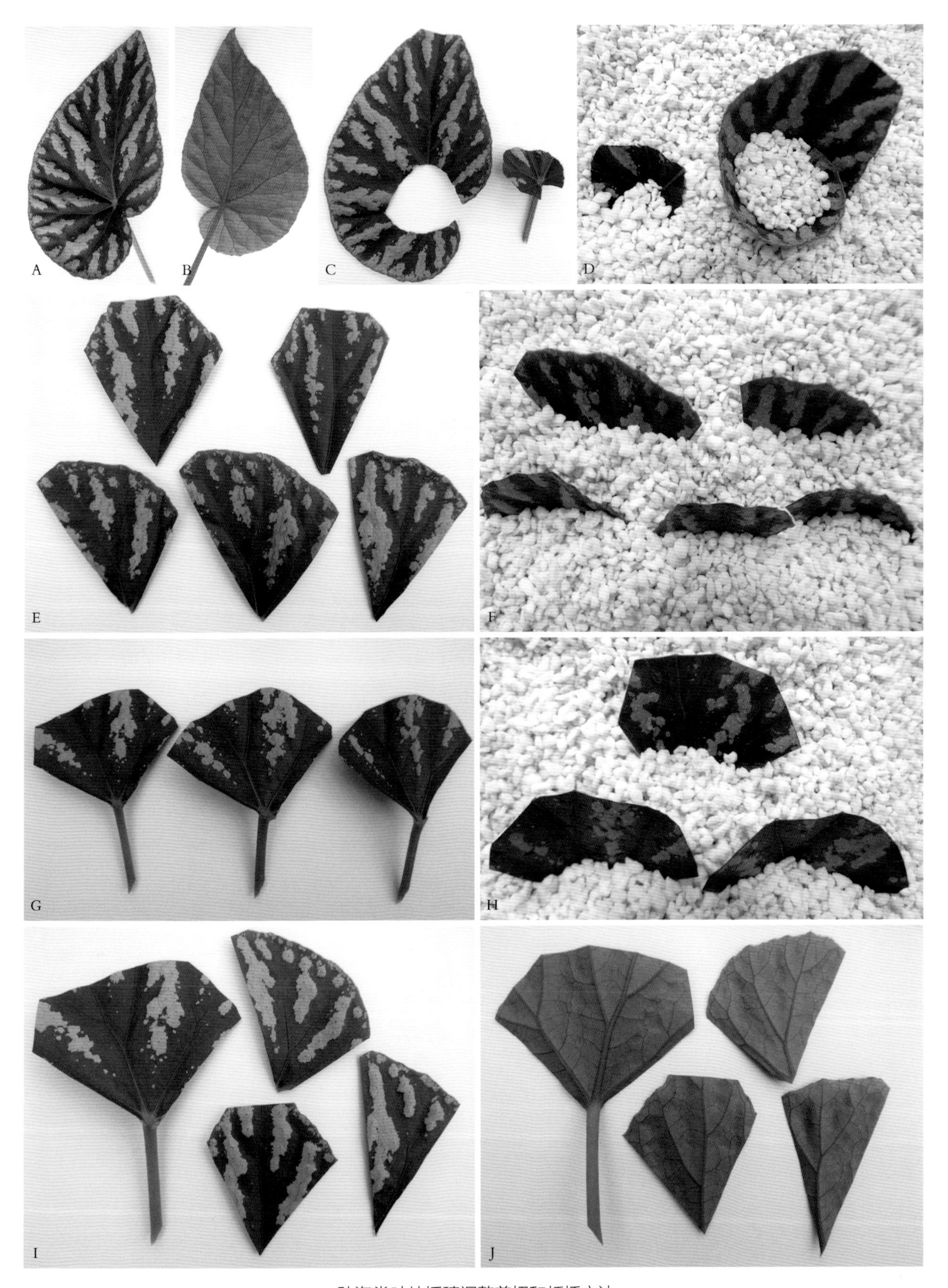

秋海棠叶片插穗调整剪切和扦插方法

A–B. 用于扦插的健壮叶片正面和背面观；C–D. 锥形叶片插穗调整及扦插方法；E–F. 楔形叶片插穗调整及扦插方法；G–H. 带柄叶片插穗调整及扦插方法；I–J. 同一叶片插穗调整剪切后正反面对比（注意扦插时尽可能使插穗的脉基插入基质以利于生根）

3. 扦插床的管理要点

（1）水分

A. 基质水分

秋海棠属植物扦插宜选择疏松、透气、排水良好的基质，目前的诸多试验结果表明，珍珠岩能够有效调整水、气、热平衡，是较为理想的扦插基质。由于扦插初期插穗无根、靠切口吸水维持生命活动，因此要保持基质充足的含水量供给插穗代谢。当扦插基质表面的珍珠岩蓬松、手捏无湿润感时，应用出水细微均匀的喷头给基质透浇水，珍珠岩紧实湿润时，则基质水分能够满足插穗代谢需求量。浇水的次数与频率因扦插的季节和具体小环境而异，一般2～3天透浇一次，插穗生根后酌减。

B. 相对空气湿度

为减少插穗蒸腾失水，应保持插穗环境相当的空气相对湿度。有条件时在扦插室内排布喷雾设施定时喷雾，条件受限时在扦插床上覆盖塑料薄膜，必要时揭开覆盖塑膜在插穗小环境内瞬间喷水后立即覆盖以达湿度条件要求。

（2）温度

A. 基质温度

插穗生根的适宜温度为18～22℃，自然条件下5～8月适宜扦插，其余时间扦插需在基质内排布地热线以保证插穗生根的基质温度。

B. 插床空气温度

扦插试验结果表明，插穗空间温度控制在22～28℃有利于不定根和不定芽的产生，覆膜不仅能够保持插床小环境的湿度，也可相应提高插床空气温度，当插床温度超出30℃时，应揭开覆膜散热降温，以免高温高湿造成插穗腐烂。

（3）光照

插穗在过于阴蔽的环境条件下光合速率低，不利于光合产物的合成，光照过强则蒸腾强度大，插穗容易失水过度、并造成插穗灼伤，应保持插穗环境适宜的光照。在太阳光直射的室内或室外场地扦插时，应以60%左右的寒冷纱覆盖遮阴，待插穗生根、产生不定芽后逐渐撤除寒冷纱，增加光照强度。

适宜秋海棠栽培的温湿度环境

三、秋海棠属植物栽培管理技术

1. 适宜的栽培环境

秋海棠属植物产亚热带、热带雨林下富含有机质、肥沃疏松、湿润的土壤中。喜温暖湿润的气候及肥沃疏松，水气热调节良好的栽培土壤。热带、亚热带地区可栽植于林下或有遮阴物的室外环境，温带、寒温带地区适宜栽培于纤维瓦、玻璃或阳光板温室内，室内栽培应避免高温灼伤或低温冷害和冻害。生长适宜的温度是15～25℃，相对空气湿度65%～85%。栽培土壤以富含有机质、疏松、肥沃的纯腐殖质土最佳，pH约6～6.5。

2. 栽培管理要点

（1）适时摘心

当幼苗出现2～3片真叶时，可由播种苗床或播种容器将幼苗移植上盆，1株中心植，或3株三角形排列栽植，可根据盆的大小、幼苗的数量，以及保育要求等灵活掌握。

移植后的幼苗逐渐恢复生长达到4～5片初生叶时，为诱导更多的侧芽发生和生长，应及时控制其顶端生长的优势，适时摘除顶芽，使其形成更多的理想范围内的侧枝生长，为枝叶繁茂、丰满的成苗盆花奠定基础。

（2）控水保湿

A. 基质水分

采用腐殖质或泥炭土、椰糠等商品基质栽培，栽培基质应疏松透气、排水良好，并能保持充足的基质水分，供盆内植株旺盛生长。栽培基质的灌水以见干见湿为原则，干燥时则应透浇，当根系还能在基质中顺利吸水、保持安全基质水分时，不宜淋漓浇灌。以免造成盆土表面常常过湿，促使苔藓类植物旺盛生长，而使栽培基质透气性差、板结、积水等，破坏栽培基质的水、气、热平衡，不仅阻碍了根系的正常吸水，而且使病源菌活动猖獗，导致病理性的病害和生理性病害，使植株生长受阻。当植株逐渐生长、叶片较大而数量变多时，基质水分的供给应从茎的基部斜下充分灌注，切忌从叶片正面浇灌，否则不仅损伤叶片和叶柄，破坏了盆花的株型，还不能够灌透栽培基质、达不到灌溉的目的。

B. 空气湿度

设施栽培应在栽培室内空中排布喷雾管适时喷雾 ，也可在置盆架下方地面修建蓄水池以蒸发水分增加室内空气湿度，也可调节室内温度。秋海棠属植物为大中型叶，植物体的水分主要通过叶片的气孔蒸腾散失，为减少叶片的水分蒸腾量，可通过喷雾增加整个栽培环境的相对空气湿度、也可适时在叶片表面喷水或喷雾，维持植株水分供给与散失的相对平衡。使叶片含水量充足，保持鲜嫩、艳丽的色泽，达到真正观叶的效果。

（3）合理施肥

秋海棠属植物在营养生长期间需要不断供给氮素营养，应适时追施氮素肥料，掌握薄肥勤施的原则，以根施肥（基质施肥）和根外施肥（叶面施肥）相结合，达到植株对供给肥料的合理利用。基质施肥以每2周各施1次10%～15%的腐熟油枯水和固态尿素，固态尿素的施用量每株成苗一次2g左右，幼苗酌减，腐熟油枯水和固态尿素的施用交替进行；叶面施肥则将尿素溶解于水配制成5%的水溶液喷洒叶面，与基质施肥错开、每2周喷洒1次。使观叶植株的叶片保持翠绿、鲜艳。

在生殖生长期（开花结实期）应增施磷、钾肥，以促进开花结实。一般在现蕾初期，在花序和叶面喷施0.5%磷酸二氢钾水溶液，每周一次为宜，可使开花数量多、花朵艳丽，结实良好；入秋后植株生长减弱、进入休眠期时，应适当减少水肥的供给，并施用1～2次磷钾肥，以磷钾含量高的复合肥为宜，如氮磷：钾=15：15：15的复合肥料等。

在昆明的气候条件下栽培，每年的4～9月为生长期，应积极补充或追施氮素肥料，10月至翌年3

月为生长缓慢的休眠期，拟在10月初追施1～2次磷钾肥，提高植株的木质化程度，增强抗寒能力。

栽培条件许可时，将氮、磷、钾等复合肥料溶解于灌溉水，使整个生长周期的追肥与基质灌溉水相结合实施自动液肥滴灌系统，每浇灌一滴水则伴随微肥施用，既节约施肥人工劳动力，提高肥料利用率，也可促进栽培保育植株周年茂盛生长，鲜花盛开。

（4）及时更换基质

栽培基质选用富含有机质、疏松、肥沃的腐殖质土或泥炭土、椰糠等商品基质，栽培管理过程中应勤除草、常松土，保持良好的排水、透气状况。栽培一年后的基质营养将耗尽、肥力低下、团粒结构差、透气排水不良。宜在冬末初春植株休眠季节，采用有机质丰富、疏松、结构良好的复合营养基质更换栽培。

秋海棠栽培温室内景 1

秋海棠栽培温室内景 2

秋海棠栽培温室内景 3

秋海棠栽培温室内景 4

中国科学院昆明植物研究所秋海棠属植物种质资源收集保育温室群

中国科学院昆明植物研究所秋海棠属植物种质资源收集保育温室一隅

参考文献

References

曹仪植，宋占午，1998. 植物生理学[M]. 兰州：兰州大学出版社，48-79.

丁友芳，张万旗，2017. 野生秋海棠引种栽培与鉴赏[M]. 南京：江苏凤凰科学技术出版社，136-264.

董莉娜，刘演，许为斌，等，2015. 广西秋海棠属植物的药用资源[J]. 西北师范大学学报，51（4）：67-74.

谷粹芝，李振宇，黄蜀琼，等，1999. 中国植物志：第五十二卷[M]. 北京：科学出版社，126-269.

管开云，李景秀，李宏哲，2005. 云南秋海棠属植物资源调查研究[J]. 园艺学报，32（1）：74-80.

李景秀，管开云，大宫徹，等，2007. 云南秋海棠属植物叶片横切面比较解剖研究[J]. 广西植物，27（4）：543-550.

李景秀，管开云，李宏哲，2005. 湿度对变色秋海棠植株生长的调节作用[J]. 广西植物，25（2）：161-163.

林晃，程美仁，1983. 庭园花卉病虫害及其防治[M]. 北京：中国农业出版社，116-134.

陆时万，徐祥生，沈敏健，1991. 植物学（上）[M]. 北京：高等教育出版社，172-190.

税玉民，陈文红，2017. 中国秋海棠[M]. 昆明：云南科技出版社，120-193.

四川省林业学校，1979. 土壤学[M]. 北京：中国农业出版社，84-91.

汪劲武，1985. 种子植物分类学[M]. 北京：高等教育出版社，107-108.

徐明慧，1993. 花卉病虫害防治[M]. 北京：金盾出版社，80-81.

云南药材公司，1993. 云南中药资源名录[M]. 北京：科学出版社，342-344.

中国科学院昆明植物研究所，2006. 云南植物志：第十二卷[M]. 北京：科学出版社，143-237.

GU C Z, PENG C I, TURLAND N J, 2007. Begoniaceae [M]. In: Wu Z Y, Raven P H, Hong D Y, Eds., Flora of China, Vol. 13, Beijing: Science Press; St Louls: Missouri Botanical Garden Press, 153-207.

HUGHES M, MOONLIGHT P W, JARA-MUÑOZ A, et al., 2015. Begonia Resource Centre [W/OL]. Online database available from http://padme.rbge.org.uk/begonia/.

TIAN D K, XIAO Y, Tong Y, et al., 2018. Diversity and conservation of Chinese wild begonias [J]. Plant Diversity, 40 (3): 75-90.

HVOSLEF-EIDE A K, MUNSTER C, 2006. Begonia [M]. History and breeding. In: Anderson NO (ed) Flower breeding and genetics. Berlin: Springer, 241-275.

THE ANGIOSPERM PHYLOGENY GROUP, CHASE M W, CHRISTENHUSZ M J M, et al., 2016. An update of the Angiosperm Phylogeny Group Classification for the Orders and Families of Flowering Plants: APG IV [J]. Botanical Journal of the Linnean Society, 181(1):1-20.

日本ベゴニア協会，2003.ベゴニア百科[M]. 東京：誠文堂新光社，230-239.

日本ベゴニア協会，1980.ベゴニア[M]. 東京：誠文堂新光社，140-172.

島田有紀子，2004.木立性ベゴニア[M]. 東京：日本放送出版協会，99-125.

附录 本卷收录的秋海棠在各参编植物园的栽培目录

序号	拉丁名	中文名	栽培基地
1	*Begonia acetosella* var. *acetosella*	无翅秋海棠	KIB，CSBG，SZBG
2	*Begonia acetosella* var. *hirtifolia*	粗毛无翅秋海棠	KIB，CSBG
3	*Begonia algaia*	美丽秋海棠	KIB，CSBG，SZBG
4	*Begonia asperifolia*	糙叶秋海棠	KIB
5	*Begonia augustinei*	歪叶秋海棠	KIB，CSBG，SZBG
6	*Begonia aurantiflora*	橙花侧膜秋海棠	KIB，GXIB，CSBG，SZBG
7	*Begonia auritistipula*	耳托秋海棠	KIB
8	*Begonia austroguangxiensis*	桂南秋海棠	KIB，SZBG
9	*Begonia bamaensis*	巴马秋海棠	KIB，GXIB，CSBG，SZBG
10	*Begonia baviensis*	金平秋海棠	KIB
11	*Begonia biflora*	双花秋海棠	KIB，CSBG，SZBG
12	*Begonia bonii*	越南秋海棠	KIB，SZBG
13	*Begonia* × *buimontana*	武威秋海棠	KIB，CSBG
14	*Begonia cathayana*	花叶秋海棠	KIB，GXIB，CSBG，SZBG
15	*Begonia cavaleriei*	昌感秋海棠	KIB，GXIB，CSBG，SZBG
16	*Begonia ceratocarpa*	角果秋海棠	KIB，SZBG
17	*Begonia chingii*	凤山秋海棠	KIB，CSBG
18	*Begonia chitoensis*	溪头秋海棠	KIB
19	*Begonia chongzuoensis*	崇左秋海棠	KIB，CSBG，SZBG
20	*Begonia cirrosa*	卷毛秋海棠	KIB，GXIB，SZBG
21	*Begonia coelocentroides*	假侧膜秋海棠	KIB，CSBG
22	*Begonia coptidimontana*	黄连山秋海棠	KIB，CSBG，SZBG
23	*Begonia crocea*	橙花秋海棠	KIB，CSBG，SZBG
24	*Begonia crystallina*	水晶秋海棠	KIB，CSBG，SZBG
25	*Begonia cucurbitifolia*	瓜叶秋海棠	KIB
26	*Begonia curvicarpa*	弯果秋海棠	KIB，GXIB，CSBG，SZBG
27	*Begonia cylindrica*	柱果秋海棠	KIB，CSBG
28	*Begonia daweishanensis*	大围山秋海棠	KIB，SZBG
29	*Begonia daxinensis*	大新秋海棠	KIB，GXIB，CSBG，SZBG
30	*Begonia debaoensis*	德保秋海棠	KIB，GXIB，CSBG，SZBG
31	*Begonia detianensis*	德天秋海棠	KIB，SZBG

（续）

序号	拉丁名	中文名	栽培基地
32	*Begonia dryadis*	厚叶秋海棠	KIB，CSBG
33	*Begonia duclouxii*	川边秋海棠	KIB，SZBG
34	*Begonia emeiensis*	峨眉秋海棠	KIB，CSBG
35	*Begonia fangii*	方氏秋海棠	KIB，GXIB，CSBG，SZBG
36	*Begonia fenicis*	兰屿秋海棠	KIB，CSBG
37	*Begonia filiformis*	丝形秋海棠	KIB，CSBG，SZBG
38	*Begonia fimbristipula*	紫背天葵	KIB，CSBG，SZBG
39	*Begonia flaviflora* var. *vivida*	乳黄秋海棠	KIB
40	*Begonia formosana*	水鸭脚	KIB，CSBG，SZBG
41	*Begonia formosana* f. *albomaculata*	白斑水鸭脚	KIB，CSBG，SZBG
42	*Begonia forrestii*	陇川秋海棠	KIB，CSBG
43	*Begonia gigabracteata*	巨苞秋海棠	KIB
44	*Begonia grandis* subsp. *sinensis*	中华秋海棠	KIB，GXIB，CSBG，SZBG
45	*Begonia guangxiensis*	广西秋海棠	KIB，CSBG，SZBG
46	*Begonia guaniana*	管氏秋海棠	KIB，CSBG，SZBG
47	*Begonia guishanensis*	圭山秋海棠	KIB，CSBG
48	*Begonia gulinqingensis*	古林箐秋海棠	KIB，CSBG，SZBG
49	*Begonia hainanensis*	海南秋海棠	KIB，CSBG，SZBG
50	*Begonia handelii*	香花秋海棠	KIB，GXIB，CSBG，SZBG
51	*Begonia handelii* var. *prostrata*	铺地秋海棠	KIB，SZBG
52	*Begonia handelii* var. *rubropilosa*	红毛香花秋海棠	KIB
53	*Begonia hatacoa*	墨脱秋海棠	KIB，CSBG，SZBG
54	*Begonia hekouensis*	河口秋海棠	KIB，CSBG，SZBG
55	*Begonia hemsleyana*	掌叶秋海棠	KIB，GXIB，CSBG，SZBG
56	*Begonia henryi*	独牛	KIB，CSBG，SZBG
57	*Begonia hongkongensis*	香港秋海棠	KIB，CSBG，SZBG
58	*Begonia huangii*	黄氏秋海棠	KIB
59	*Begonia hurunensis*	胡润秋海棠	KIB
60	*Begonia jingxiensis*	靖西秋海棠	KIB，GXIB，CSBG，SZBG
61	*Begonia jingxiensis* var. *mashanica*	马山秋海棠	KIB，CSBG，SZBG
62	*Begonia josephii*	重齿秋海棠	KIB，CSBG
63	*Begonia labordei*	心叶秋海棠	KIB，CSBG，SZBG

（续）

序号	拉丁名	中文名	栽培基地
64	*Begonia lacerata*	撕裂秋海棠	KIB，CSBG，SZBG
65	*Begonia laminariae*	圆翅秋海棠	KIB，CSBG，SZBG
66	*Begonia lancangensis*	澜沧秋海棠	KIB
67	*Begonia lanternaria*	灯果秋海棠	KIB，GXIB，CSBG，SZBG
68	*Begonia leprosa*	癞叶秋海棠	KIB，CSBG，SZBG
69	*Begonia limprichtii*	蕺叶秋海棠	KIB
70	*Begonia linguiensis*	临桂秋海棠	KIB，SZBG
71	*Begonia lithophila*	石生秋海棠	KIB，CSBG
72	*Begonia liuyanii*	刘演秋海棠	KIB，GXIB，CSBG，SZBG
73	*Begonia longanensis*	隆安秋海棠	KIB
74	*Begonia longialata*	长翅秋海棠	KIB，CSBG，SZBG
75	*Begonia longicarpa*	长果秋海棠	KIB，CSBG，SZBG
76	*Begonia longifolia*	粗喙秋海棠	KIB，GXIB，CSBG，SZBG
77	*Begonia longistyla*	长柱秋海棠	KIB
78	*Begonia luochengensis*	罗城秋海棠	KIB，GXIB，CSBG，SZBG
79	*Begonia luzhaiensis*	鹿寨秋海棠	KIB，GXIB，CSBG，SZBG
80	*Begonia macrotoma*	大裂秋海棠	KIB，CSBG
81	*Begonia malipoensis*	麻栗坡秋海棠	KIB，SZBG
82	*Begonia manhaoensis*	蛮耗秋海棠	KIB，CSBG，SZBG
83	*Begonia masoniana*	铁甲秋海棠	KIB，GXIB，CSBG，SZBG
84	*Begonia megalophyllaria*	大叶秋海棠	KIB
85	*Begonia menglianensis*	孟连秋海棠	KIB
86	*Begonia mengtzeana*	蒙自秋海棠	KIB，CSBG，SZBG
87	*Begonia miranda*	截裂秋海棠	KIB
88	*Begonia morifolia*	桑叶秋海棠	KIB
89	*Begonia morsei*	龙州秋海棠	KIB
90	*Begonia muliensis*	木里秋海棠	KIB，CSBG，SZBG
91	*Begonia ningmingensis*	宁明秋海棠	KIB，GXIB，CSBG，SZBG
92	*Begonia ningmingensis* var. *bella*	丽叶秋海棠	KIB，SZBG
93	*Begonia obsolescens*	不显秋海棠	KIB，CSBG
94	*Begonia oreodoxa*	山地秋海棠	KIB，CSBG
95	*Begonia ornithophylla*	鸟叶秋海棠	KIB，GXIB，SZBG

（续）

序号	拉丁名	中文名	栽培基地
96	*Begonia palmata* var. *bowringiana*	红孩儿	KIB，CSBG
97	*Begonia palmata* var. *difformis*	变形红孩儿	KIB，CSBG
98	*Begonia palmata* var. *palmata*	裂叶秋海棠	KIB，CSBG，SZBG
99	*Begonia parvula*	小叶秋海棠	KIB，CSBG
100	*Begonia paucilobata* var. *maguanensis*	马关秋海棠	KIB
101	*Begonia pedatifida*	掌裂秋海棠	KIB，CSBG，SZBG
102	*Begonia peltatifolia*	盾叶秋海棠	KIB，CSBG
103	*Begonia picturata*	一口血秋海棠	KIB，GXIB，CSBG
104	*Begonia pinglinensis*	坪林秋海棠	KIB，CSBG
105	*Begonia polytricha*	多毛秋海棠	KIB，CSBG
106	*Begonia porteri*	罗甸秋海棠	KIB，GXIB，CSBG，SZBG
107	*Begonia pseudodaxinensis*	假大新秋海棠	KIB，GXIB，CSBG，SZBG
108	*Begonia pseudodryadis*	假厚叶秋海棠	KIB，SZBG
109	*Begonia pseudoleprosa*	假癞叶秋海棠	KIB
110	*Begonia psilophylla*	光滑秋海棠	KIB，CSBG，SZBG
111	*Begonia pulvinifera*	肿柄秋海棠	KIB，GXIB，CSBG，SZBG
112	*Begonia purpureofolia*	紫叶秋海棠	KIB，CSBG，SZBG
113	*Begonia reflexisquamosa*	倒鳞秋海棠	KIB，CSBG
114	*Begonia repenticaulis*	匍茎秋海棠	KIB
115	*Begonia retinervia*	突脉秋海棠	KIB，GXIB，CSBG，SZBG
116	*Begonia rex*	大王秋海棠	KIB，CSBG，SZBG
117	*Begonia rhynchocarpa*	喙果秋海棠	KIB，CSBG
118	*Begonia rockii*	滇缅秋海棠	KIB，SZBG
119	*Begonia rubinea*	玉柄秋海棠	KIB
120	*Begonia ruboides*	匍地秋海棠	KIB，CSBG，SZBG
121	*Begonia rubropunctata*	红斑秋海棠	KIB，CSBG
122	*Begonia semiparietalis*	半侧膜秋海棠	KIB，SZBG
123	*Begonia setifolia*	刚毛秋海棠	KIB
124	*Begonia setulosopeltata*	刺盾叶秋海棠	KIB
125	*Begonia sikkimensis*	锡金秋海棠	KIB，CSBG，SZBG
126	*Begonia silletensis* subsp. *mengyangensis*	勐养秋海棠	KIB，CSBG，SZBG
127	*Begonia sinofloribunda*	多花秋海棠	KIB，GXIB，CSBG，SZBG

（续）

序号	拉丁名	中文名	栽培基地
128	*Begonia smithiana*	长柄秋海棠	KIB，GXIB，CSBG
129	*Begonia subhowii*	粉叶秋海棠	KIB，CSBG
130	*Begonia sublongipes*	保亭秋海棠	KIB
131	*Begonia summoglabra*	光叶秋海棠	KIB
132	*Begonia taiwaniana*	台湾秋海棠	KIB，CSBG，SZBG
133	*Begonia tetralobata*	四裂秋海棠	KIB，CSBG
134	*Begonia truncatiloba*	截叶秋海棠	KIB，SZBG
135	*Begonia umbraculifolia*	伞叶秋海棠	KIB，CSBG，SZBG
136	*Begonia variifolia*	变异秋海棠	KIB，CSBG
137	*Begonia versicolor*	变色秋海棠	KIB，CSBG，SZBG
138	*Begonia villifolia*	长毛秋海棠	KIB，CSBG
139	*Begonia wangii*	少瓣秋海棠	KIB，GXIB，CSBG，SZBG
140	*Begonia wenshanensis*	文山秋海棠	KIB
141	*Begonia wutaiana*	雾台秋海棠	KIB，CSBG
142	*Begonia xanthina*	黄瓣秋海棠	KIB
143	*Begonia angularis*	棱茎秋海棠	KIB，SZBG
144	*Begonia angulata*	有角秋海棠	KIB，CSBG，SZBG
145	*Begonia boliviensis*	玻利维亚秋海棠	KIB，GXIB，SZBG
146	*Begonia bowerae* var. *roseiflora*	波氏红花秋海棠	KIB
147	*Begonia carrieae*	茎姿秋海棠	KIB
148	*Begonia cubensis*	古巴秋海棠	KIB
149	*Begonia delisiosa*	银点秋海棠	KIB，GXIB，SZBG
150	*Begonia dietrichiana*	迪特里希秋海棠	KIB，CSBG，SZBG
151	*Begonia dregei*	纳塔秋海棠	KIB，SZBG
152	*Begonia dregei* var. *macbethii*	枫叶秋海棠	KIB，SZBG
153	*Begonia egregia*	异叶秋海棠	KIB
154	*Begonia foliosa*	多叶秋海棠	KIB，GXIB
155	*Begonia fuchsioides*	柳叶秋海棠	KIB
156	*Begonia gracillis* var. *martiana*	纤细秋海棠	KIB，SZBG
157	*Begonia herbacea*	苋叶秋海棠	KIB
158	*Begonia hispida* var. *cuculifolia*	僧帽秋海棠	KIB
159	*Begonia kui*	丽纹秋海棠	KIB，SZBG

（续）

序号	拉丁名	中文名	栽培基地
160	*Begonia maculata*	竹节秋海棠	KIB，GXIB，CSBG，SZBG
161	*Begonia masoniana* var. *maculata*	彩纹秋海棠	KIB
162	*Begonia nelumbiifolia*	莲叶秋海棠	KIB，CSBG，SZBG
163	*Begonia olsoniae*	靓脉秋海棠	KIB，SZBG
164	*Begonia oxyphylla*	亚灌木秋海棠	KIB，GXIB
165	*Begonia partita*	蓼叶秋海棠	KIB
166	*Begonia pearcei*	皮尔斯秋海棠	KIB，GXIB，SZBG
167	*Begonia prismatocarpa*	棱果秋海棠	KIB
168	*Begonia quadrialata* subsp. *nimbaensis*	宁巴四翅秋海棠	KIB
169	*Begonia radicans*	气根秋海棠	KIB，SZBG
170	*Begonia sanguinea*	牛耳秋海棠	KIB，CSBG
171	*Begonia scharffi*	红筋秋海棠	KIB，GXIB，SZBG
172	*Begonia scharffiana*	茸毛秋海棠	KIB，CSBG
173	*Begonia schmidtiana*	施密特秋海棠	KIB，SZBG

注：KIB，中国科学院昆明植物研究所；GXIB，广西壮族自治区中国科学院广西植物研究所桂林植物园；CSBG，上海辰山植物园；SZBG，深圳市中国科学院仙湖植物园。

中文名索引

H

J

L

M

N

P

Q

拉丁名索引